U0021575

甜 點 盤 飾
PLATED DESSERT

SNACK・小點

ICE・冰品

FRUIT・水果

CONTENTS │ 目錄

總論

Concept

甜點盤飾╳基本概念

甜點盤飾是從食材出發的風格美學養成，為食用者構築美好享受情境，以靈感為名，味覺主體為核心，藉空間構圖、色彩造型設定，創造甜點的細膩平衡，開啟一場有溫度的對話、傳達創作者的初心。人氣甜點法朋烘焙坊的主廚李依錫，通過多年經驗的累積，為初學者歸納了幾項成品甜點盤飾的基本概念。

---(chef)---

李依錫，現任Le Ruban Patisserie法朋烘焙甜點坊主廚。曾任香格里拉台南遠東飯店點心房、大億麗緻酒店點心房、古華花園飯店點心房的主廚。對於法式甜點有著無限的迷戀與熱情，並持續創作出令人驚艷與喜愛的甜點。不吝於傳授專業知識與經驗，讓大家更輕鬆進入甜點的世界。

Inspiration
靈感 & 設計

●從模仿開始找到自己的風格
一開始練習擺盤，建議從模仿開始，選擇自己喜歡的風格後開始下手，揣摩作品的設計結構、色彩……等細節後，便能慢慢開始掌握擺盤方法，思考一樣的素材能有什麼樣的創意，學習自己想要表達的美感。

●結構設計
擺盤的類型大約分為兩種類型，一種是透過各種小份的食材組合而成；另一種則是成品的擺盤，也是初學者能夠快速開始學習的類型，此種擺盤要特別注意要清楚表達成品的樣貌，不要為了填滿空間而裝飾，例如已經擺了巧克力就不要再添加水果、醬汁等等不相關、沒有意義的裝飾搶去風采，透過減法突顯主體。也要記得整體構圖的聚焦，例如主體如果足夠明顯就將裝飾往外擺，並且不要疏忽立體感，可以試用不同角度或堆疊的手法呈現。

●色彩搭配
顏色搭配有兩個基本原則，一是使用對比色強調主體，二是使色調協調，盤上的色彩彼此不互相掩蓋。找到視覺的重心讓畫面得以平衡，並善用畫龍點睛的效果。

Plate
器皿

●線條
簡單的線條能夠突顯主體，或者呼應；若盤子的線條複雜，則搭配簡單的主體、減少畫盤、飾片等裝飾物。

●材質
器皿的材質能夠傳達不同的視覺感受，例如選擇玻璃盤，能帶給人透亮、清新、新鮮的感覺；木盤則能予人質樸、自然的感覺……等等。

Ingredients
裝飾材料

選擇擺盤的裝飾物時，要特別注意要和甜點主體的味覺搭配是一致的，擺放的東西建議要都是主體能夠吃得到的，例如在盤面灑上肉桂，卻發現蛋糕與肉桂完全無關，這樣就不太恰當，試著由視覺延伸到味覺，使食用者看到什麼材料就知道內容物是甚麼，融入到吃的時候的感覺才有連貫性，也才是盤飾的意義。

Steps
操作、擺放的重點

●擺放位置 & 方向
要特別注意盤面上各個食材的位置不要彼此遮擋，或者同一個位置擺放兩個材料，讓每個擺設都能發揮它的作用，基本上只要遵照一個原則：由後往前，然後由高而低，讓平視時的視野能一眼望去，發揮多層次的效果。

●主體大小 & 角度
主體大小與盤面和裝飾物的比例很重要，要去思考呈現出來的效果，讓主體小的甜點精巧，或者透過大量堆疊呈現碩大的美感。而主體擺放的角度，則是傳達其特色的方法，讓食用者一眼即能了解其結構、色彩與食材搭配，例如切片蛋糕通常會以斜面呈現其剖面結構。

●畫盤方法
畫盤的基本原則是不要讓畫面顯得髒亂，特別是與甜點主體做結合的時候，要觀察是否會弄髒、沾染到飾片，再調整操作時的先後順序。

2

甜點盤飾╳色彩搭配與裝飾線條

色彩的運用是挑起味蕾觸動的重要因素。因此在擺盤的色彩選擇上，法式餐廳侯布雄的甜點主廚高橋和久建議初學者，首先要考慮到食材本身的顏色，才不會讓食用者的視覺感到突兀，造成畫面不協調。通常選用色系相近的食材，會讓畫面感覺舒服，如果初學者想嘗試大膽的配色，在比例與呈現上就要特別小心。

Color —
Harmonious&
Contrast

基本配色方法──同色系&對比色

色彩搭配的方式有兩種，一種是以同色系來搭配，這是屬於比較溫和、減低感官衝突的選擇，例如巧克力本身是深褐色，相近的色調包括米色、黃色、橘色等，如焦糖、芒果、栗子等食材，都是巧克力搭配同色系不錯的選擇；另一種是以對比色來呈現，視覺上給人較大的衝突感，但是只要搭配得當，相對的也會特別搶眼，例如以褐色來說，就可以找綠色、藍色的食材來襯托。但是，天然食材很少是綠色或藍色，如果為了設計而故意選擇特殊的顏色，或許整個擺盤看起來很漂亮，但卻完全讓人提不起食欲，便失去了甜點作為食物的意義。

- - - - - - - - (chef) - - - - - - - -

高橋和久，自幼對甜點就有高度熱忱，從 Ecole Tsuji 畢業後便投身甜點世界。2005年，年僅26歲的高橋便獲得世紀名廚 Joël Robuchon 賞識，成為旗下得意弟子，目前擔任台北侯布雄餐廳的甜點行政主廚，繼續傳承 Joël Robuchon 的料理精神。

Decorations——
Shape
小巧的裝飾提升精緻感

有時候，色彩的搭配是一種呈現方式，使用小巧的
裝飾或修飾也可以提高甜點的精緻度。例如醬汁的
呈現，可以利用一個容器盛裝，也可以擺放在食材
旁邊，或者是直接淋在食材上。如果是把醬汁當作
線條來呈現，粗的線條與細的線條，畫法是直線或
彎曲，都會影響作品整體的表現。除了使用線條，
高橋主廚也會點綴一些裝飾，例如在巧克力上加上
一點點金箔，就能提升甜點的豪華感，不一定都要
從色彩去突顯想要表達的意境，用心觀察，學習使
用一點小技巧，就可以了解每個甜點擺盤所要表達
的意念。

Color——
Ingredients
以食材為出發點選擇顏色

決定色彩如何搭配，要以食材為出發點，先決定好
主要食材，再反觀心中想要呈現的畫面或風格。風
格的選擇可以從很多角度找到靈感，像是以盤子的
造型去發想，或是以大自然風景為走向，亦或從主
食材尋求靈感。多面向的取材，有助於自己的擺盤
設計與配色選擇。有別於傳統甜點擺盤的嚴謹，現
代的擺盤設計比較偏向個人化及自由揮灑。但是，
高橋主廚建議擺盤之前，要先想像食用者吃的畫
面，對方會有怎樣的表情與感受，而不是為了要做
盤飾就特立獨行、故意顛覆。要用心為吃的人完成
甜點，不管是口感或擺盤，才是製作甜點最初的發
心。

3

甜點盤飾╳靈感發想與創作

如何透過盤飾創作、表達心中的想像？亞都麗緻巴黎廳1930的法國籍主廚Clément Pellerin擅長傳統法式料理融合分子料理，讓每一道料理或是甜點都像藝術品般奇想。他主張忘掉擺盤、忘掉構圖，不要一開始就被盤飾的造型與構圖框限，選定食材，再透過生活汲取靈感，並搭配適合的器皿，不斷嘗試、修正，直到貼近腦中想表達的畫面為止。

------(chef)------

Clément Pellerin，生於法國諾曼第，具有傳統法式料理紮實背景，曾於巴黎兩間侯布雄米其林星級餐廳工作，也曾服務於愛爾蘭、西班牙等地高級法式料理餐廳，並在上海、曼谷等地酒店擔任主廚。擅長從不同文化發掘靈感，目前為亞都麗緻巴黎廳1930主廚。

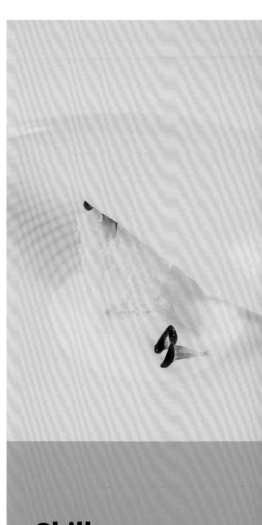

Skills——
Obseravation

從模仿觀察開始，學習盤飾技巧

盤飾的技巧要透過實際操作學習，主廚Clément Pellerin建議初學者從模仿開始，觀察其他主廚操作的手法，例如要怎麼讓線條呈現出來的感覺才會是具有流動感，或者粗獷、柔美；使用模具、食材特性、配合食器、裁切塑形的堆疊技巧；不同色彩搭配帶給食用者的感受，從模仿中體會主廚的思考與技巧運用，慢慢磨練自己的手感與技巧使用的靈活度。

PLATE OR NOT
從器皿選擇思考，打破一般現有器皿的限制

器皿是傳達整體畫面的重點之一，以黑森林蛋糕（見 p.60）為例，較常見的造型為6吋或8吋的圓形，若以白色瓷盤盛裝，會予人簡潔、俐落的形象；但若選用大自然素材，將樹木切片作為木盤，重新解構傳統的黑森林蛋糕，巧克力片如葉、巧克力酥餅如土，模擬森林畫面，營造出自然原始的氣息，並帶出其主題概念，將整體視覺合而為一，便賦予傳統甜點新的面貌。打破現有器皿的限制，嘗試不同媒材、質地，選擇如石頭、樹木等自然生活中可見的各式各樣的素材，連結使用的食材呈現腦中靈感。

LIVE A LIFE
以生活為靈感，用旅行累積創作想像

走訪世界各地的 Clément Pellerin 主廚，熱愛體驗新事物，也熱愛東方文化，多年前曾毅然決然到中國武當山上學習武功，因而淨空思考，面對料理也回歸事物、食材的本質，以生活為靈感，所思所想載於筆記中，廚房裡的小白板寫上天馬行空的創作想像，並善用當地食材，從食材本身發想，透過整體創作展演，讓畫面連結記憶，記憶觸動味蕾，傳達甜點盤飾最初的意義。

裝飾物造型
與種類

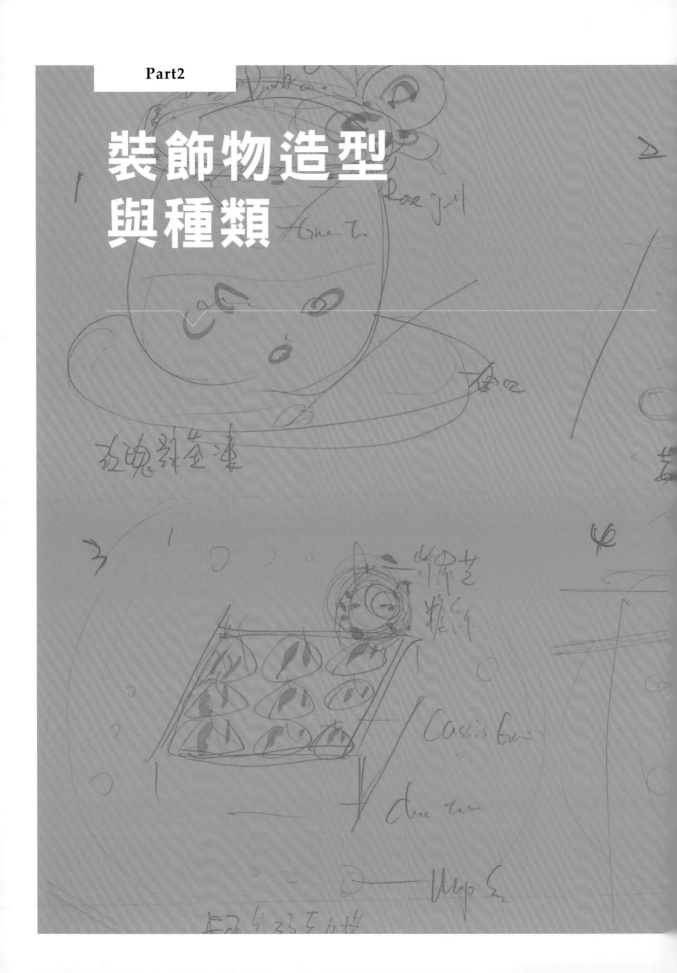

Decorations

CHOCOLATE
造型巧克力片

巧克力融化後可塑成各式各樣的造型，能夠簡單裝飾甜點，味覺上也容易搭配。配合使用刮板做成長條紋、波浪狀；使用抹刀、湯匙抹成不規則片狀；利用模具塑成特殊造型；撒上開心果、覆盆子、熟可可粒增加口感和立體感；將巧克力醬做成擠醬筆畫出各種圖樣，或者利用轉印玻璃紙印上不同花紋。

COOKIE
造型餅乾

裝飾甜點的造型餅乾多會做得薄脆，避免太過厚重而搶去甜點主體的味道和風采。造型餅乾具有硬度能夠增加甜點的立體感延伸視覺高度，其酥脆的口感也能帶來不同層次。

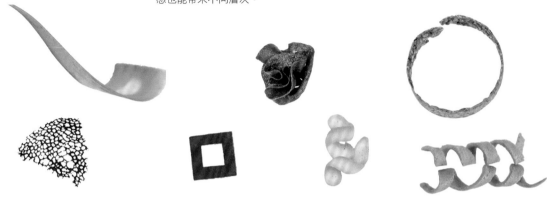

MERINGUE COOKIES
蛋白霜餅

蛋白與細砂糖高速打發後便成了蛋白霜，能直接用擠花袋擠出裝飾甜點。而使用不同花嘴擠成水滴狀、長條狀等各式造型或平鋪後烘烤成酥脆的口感，便能裝飾甜點增加立體感與口感。也可加入不同口味而成不同顏色，增加整體色彩的豐富度。

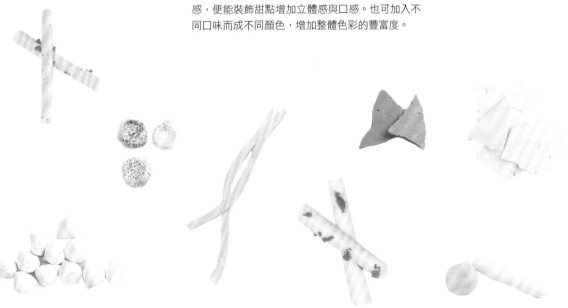

EDIBLE FLOWER & HERBS

食用花卉 & 香草

食用花卉色彩繽紛亮麗、姿態柔美；香草則富香氣、鮮綠自然，兩者小巧細緻，能為甜點帶來活力與生命力。

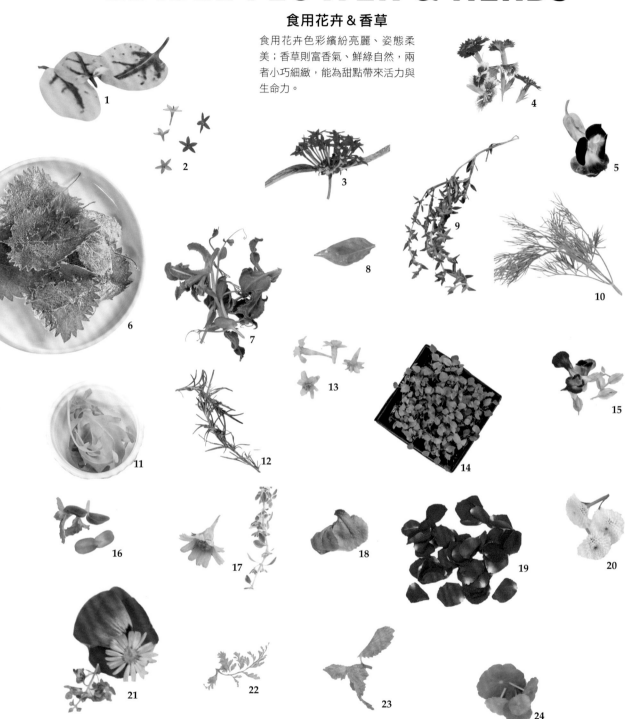

01. 紅酸模葉 02. 繁星 03. 美女櫻 04. 石竹 05. 三色堇 06. 紫蘇葉 07. 冰花 08. 羅勒葉 09. 百里香葉 10. 茴香葉 11. 芝麻葉 12. 迷迭香 13. 萬壽菊 14. 檸檬草 15. 夏堇 16. 葵花苗 17. 檸檬百里香、菊花 18. 牽牛花 19. 玫瑰花瓣 20. 法國小菊 21. 桔梗、天使花 22. 巴西利 23. 薄荷 24. 金線草

SUGAR
糖飾

糖飾分為糖片、珍珠糖片、拉糖、流糖、珍珠糖、造型糖……等等，透明具光澤的外型能帶來精緻高雅之感，並延伸立體感。或者可染上不同的顏色增加整體色彩的豐富度。要特別注意糖飾通常薄而易碎，盤飾時要小心輕拿，並注意欲裝飾的主體是否會太過堅硬而無法插擺，而其製作需要等待糖漿冷卻凝固成型，放在密封容器最多只能保存一天。

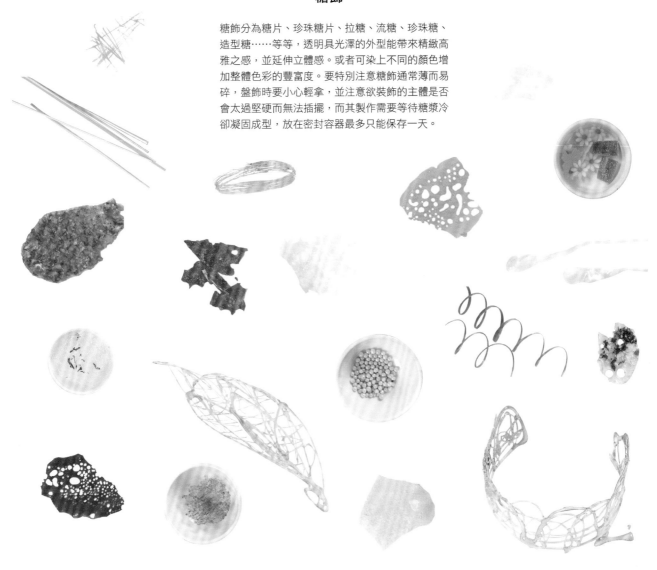

GOLD LEAF & SILVER LEAF
金箔 & 銀箔

色澤迷人的金箔和銀箔常用於點綴，適合用於各種色調的甜點，彰顯奢華、賦予高雅之感。

基本技巧
運用

Skills

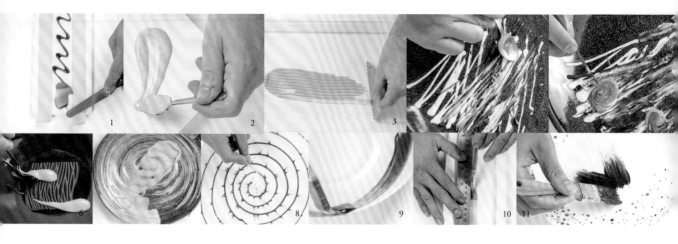

□刮

1. 利用紙膠帶定出界線，並均勻擠上醬汁，最後再以抹刀刮出斜紋。
2. 湯匙舀醬汁，快速用匙尖刮出蝌蚪狀。
3. 使用三角形刮板，刮出直紋線條。
4. 利用匙尖將醬汁刮成不規則線條。
5. 使用尖銳的工具、刀尖或牙籤將醬汁混色。
6. 湯匙舀醬汁斷續刮出長短不一的線條。
7. 使用抹刀順著不規則盤將醬汁結合盤面抹出不規則狀的線條。
8. 使用牙籤刮出放射狀。

□刷

09. 使用寬扁粗毛刷。
10. 使用毛刷搭配鋼尺畫成直線。
11. 使用粗毛刷加上濃稠醬汁，畫出粗糙、陽剛的線條。
12. 使用硬毛刷刷上偏水狀的醬汁。
13. 使用毛刷搭配轉台畫圓。

□噴

14. 使用時用噴霧，增加畫盤的色彩。

□甩

15. 湯匙舀醬汁，手持垂直狀、手腕控制力量甩出潑墨般的線條。

□擠

16. 使用透明塑膠袋作為擠花、擠醬的袋子。
17. 使用擠醬罐，將醬汁擠成點狀或者畫成線條。
18. 使用專業擠花袋，方便更換花嘴。常見花嘴有圓形、星形、聖歐諾、蒙布朗多孔、花瓣花嘴……等。
19. 使用擠醬罐搭配轉台畫成圓形線條。

□蓋

20. 將食用粉末以章印蓋出形狀。

□搓

21. 使用手指捏粉，輕搓於盤面，營造少量、自然的效果。
22. 使用手指捏粉，輕搓於盤面成想要的線條、造型。

□模具

23. 使用中空圓形模具搭配轉台使用，便能畫出漂亮的圓。
24. 使用 Caviar Box（仿魚卵醬工具）將醬汁擠成網點狀。
25. 使用篩網搭配中空模具，將粉末灑成圓形。

□模板

26. 使用自製模具，並鋪墊烘焙紙避免灑出。
27. 以烘焙紙裁剪成想要的造型，灑上雙層粉末。

23   24   25   26   27

TIPS

□ 均勻的醬汁

　1. 可用手輕拍碗底，讓醬汁均勻散開。
　2. 可用手掌慢慢將顆粒狀的食材攤平。
　3. 輕敲墊有餐巾的桌面，將醬汁整平。

□ 沒有轉台的時候

　1. 將盤子放托盤，並置其於光滑桌面上高速
　　度轉動，然後手持擠花袋在正中間先擠 3 秒，
　　再以穩定速度往外拉。

Skills | # 增色

□ 鏡面果膠

　1. 使用鏡面果膠增加慕斯表面的光澤，也能便
　於黏上其他食材、裝飾。
　2. 使用鏡面果膠增加水果的亮度、保持表面光
　澤防止乾燥。

□ 烘烤

　3. 使用噴槍烘烤薄片，使其邊緣焦化，讓線條
　更明顯、色彩多變。
　4. 灑上糖再以噴槍烘烤，除了能夠增加香氣，
　也讓食材的色彩有層次。

1   2   3   4

Skills | 固定、塑形

☐ 烘烤

1. 易於軟化的食材如蛋白霜，可烘烤固定其形狀。

2. 可利用吹風機軟化如餅乾的薄片，塑成想要的形狀。

☐ 模具

3. 使用中空模具將偏液態、偏軟的食材於內圈塑形。

4. 用中空模具將食材於外圈排成圓形。

☐ 裁剪

5. 將食材裁切成平底，方便貼合盤面、適於擺盤。

☐ 冷卻

6. 因甜點盤飾常使用冰淇淋或者急速冷凍的手法，為避免上桌時融化，可於盤飾完成後倒上液態氮冷卻定型。

☐ 挖杓

7. 將冰淇淋挖成圓形。

8. 用長湯匙將冰淇淋、雪酪或雪貝挖成橄欖球狀 (Quenelle)，擺上盤面前可以手掌摩擦湯匙底部，方便冰淇淋快速脫落，避免黏在湯匙上。

☐ 黏著劑、防滑

9. 使用鏡面果膠黏著。

10. 使用水貽或葡萄糖，兩者透明的液體便可不著痕跡的黏上裝飾物或金銀箔，有時也能作為花瓣露珠裝飾。

11. 使用醬料固定食材，或可沾取該道甜點使用的醬料將食材黏在想要出現的位置。

12. 使用餅乾屑、開心果碎或其他該道甜點出現的乾燥碎粒狀食材增加摩擦力，固定易滑動的冰品。

TIPS

若要顆粒狀食材排成線條時，除了利用工具，也可以用手掌自然的弧度幫助讓線條更漂亮。

□ **灑粉**

1. 以指尖輕敲篩網，控制灑粉量。
2. 以指尖輕敲篩網，鋪墊紙於盤子下方，便能灑至全盤面。
3. 使用灑粉罐。
4. 以筆刷輕敲篩網，控制灑粉量。
5. 以湯匙輕敲篩網，控制灑粉量。
6. 以筆刷沾粉輕點筆頭，控制灑粉量。

□ **刨絲、粉末**

7. 使用刨刀將檸檬皮刨成絲，使香氣自然溢出。
8. 使用刨刀將蛋白餅刨成粉末狀。

□ **擠、淋醬**

9. 使用滴管吸取醬汁，控制使用量。
10. 使用針筒吸取醬汁，控制使用量。
11. 使用鑷子夾取醬汁，控制使用量，並能自然滴上大小不一的點狀。
12. 使用擠醬罐。

TIPS

可利用抹刀定出醬料預擠的量與高度，搭配擠花袋或擠醬罐，方便控制使用量。

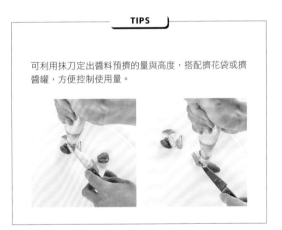

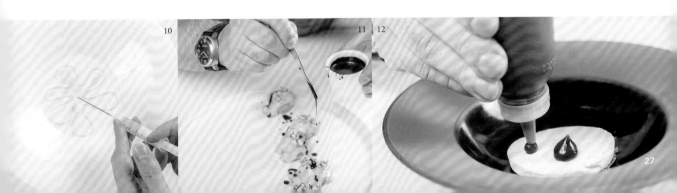

實例
示範

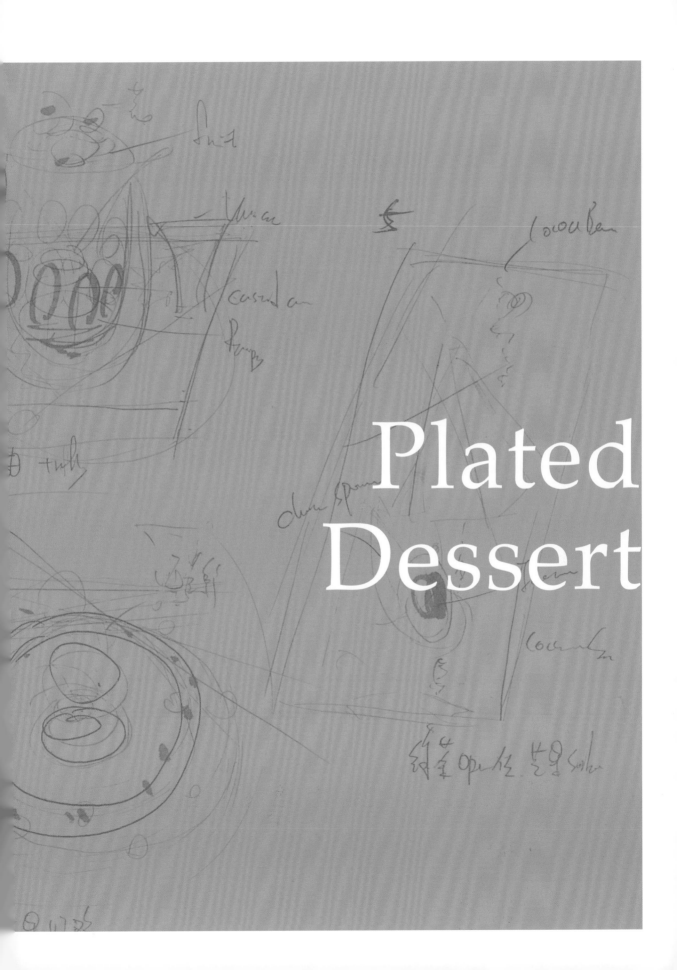

Plated
Dessert

Le Ruban Pâtisserie 法朋 | 李依錫 主廚

玻璃盤小果園
童趣繽紛討喜

以果樹為靈感,配合透明玻璃盤傳達水果軟糖透
亮繽紛的清新氣息。將水果軟糖排列成小方陣,
使軟糖即使色彩多樣,仍因四方外型與排列的一
致顯得整齊耐看。再點綴插有迷迭香、模擬小樹
造型的黑醋栗,增加盤面立體感,也展現一股天
真活潑的趣味,呈現兼具可口、悅目與賞心的創
意擺盤。

器 皿

玻璃方盤｜個人蒐藏

外觀簡單清澈的玻璃盤，宛如家常水果盤，其霧面有
光澤如冰塊般能襯托水果軟糖的繽紛清新感。清楚展
示每個小軟糖，自然協調與其相呼應。

材 料

A　迷迭香
B　新鮮覆盆子果粒
C　青蘋果水果軟糖
D　黑醋栗水果軟糖
E　血橙水果軟糖
F　草莓水果軟糖
G　香草鳳梨水果軟糖
H　奇異果水果軟糖
I　覆盆子水果軟糖

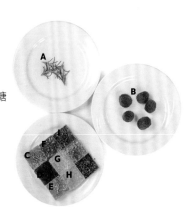

步 驟

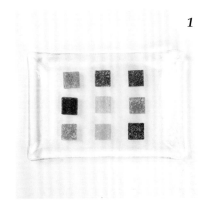

1

將九個水果軟糖色彩交錯、整齊排列於
玻璃盤，呈方格狀。

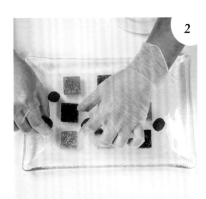

2

於水果軟糖間的空隙點綴數顆覆盆子。

3

於每顆覆盆子的頂端插上迷迭香，完成
擺盤。

透過小盤面與堆疊手法聚焦
強化小型甜點的存在感

一咬開便爆出濃烈香氣的櫻桃酒糖，適合搭配黑咖
啡或者莓果茶享用，一同作為品餐後的完美結尾。
選擇圓形的扁平銀盤，利用堆疊手法和小盤面聚
焦，強化一顆約直徑 2.5 公分的小糖果的存在感，而
盤面金屬材質也能為盤中的糖果打上一道聚光燈。

德朗餐廳 — 李俊儀 甜點副主廚

器 皿

材 料

A 櫻桃酒糖

圓形小銀盤｜日本工藝家特別訂製

小巧的圓形、扁平銀盤，表面帶有手工敲製的痕跡，
再加上霧面金屬材質，能反射燈光為小點打上光澤，
而除了呼應櫻桃酒糖的圓潤外型，金屬材質也予人冰
涼清爽的視覺感受。

步 驟

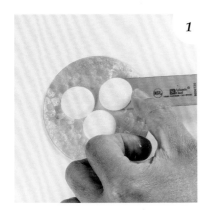
1

用抹刀將三顆櫻桃酒糖以三角結構擺
放，使底部穩固。

2

接續上一步驟，再將一顆櫻桃酒糖疊放
在另外三顆酒糖中間。

閃爍迷人光澤
小巧粉綠的可口呼喚

小巧可愛的青蘋果棉花糖，特別製成青蘋果的造型、
綴以新鮮蘋果條，同時傳達其味道，再襯以銀質花
盤，花瓣呼應其可愛的樣貌，而銀質盤面除了調和可
愛的外形增添成熟氣質，也能反射光線為棉花糖表面
的果膠質地打上一道蘋果光，酸甜可口散發迷人光
澤，便如同愛情的滋味。

德朗餐廳 ─ 李俊儀 甜點副主廚

器皿

材料

A 青蘋果棉花糖
B 青蘋果條

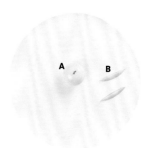

花瓣型銀盤｜日本工藝家特別訂製

花瓣造型的小銀盤，造型獨特引人注目、存在感強烈，表面帶有手工敲製的痕跡再加上光面金屬材質，會反射出粼粼波光，為同樣造型精緻小巧的青蘋果棉花糖打上蘋果光。

■ Step by step

步驟

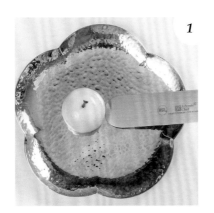

用抹刀將青蘋果棉花糖置於盤中偏左。

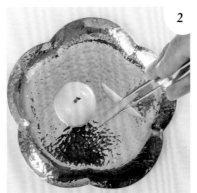

鑷子夾兩根青蘋果條於盤中偏右以 X 狀交疊。

Chocolate Ravioli ith
berries, pumpkin
巧克力糖果餃

平行線條創造協調躍動感
深褐、莓紅與黃的交織　明亮溫暖

主廚想用前菜的概念來呈現甜餃，創造甜鹹替換的驚喜
感，因此選用前菜最常使用的長方盤來擺飾。將口味
上與巧克力相當契合的季節性食材南瓜醬作為大面積襯
底，刮出色彩明亮、搶眼的中線，放上簡單整齊、錯落
排列的巧克力餃，一深一淺強烈對比的暖色系，搭配上
下兩側的細線，以野莓、玉米脆片織成花邊，整體食材
與醬汁的配置呈現簡單的三條水平直線，利用不同延伸
方向創造躍動感，充分體現出地中海料理簡單、自然舒
服的風格。

維多麗亞酒店　｜　Marco Lotito Chef

器 皿

白色長方盤 | 法國 Revol

有盤緣、中型大小的長方盤帶來安定、平和之感，與
主角深褐色的巧克力餃子調性相吻合，簡單、舒服。
也適合盛裝小點、前菜，表現主廚變換鹹食為甜食的
驚喜錯覺。

材料

A 南瓜醬
B 藍莓（綜合野莓醬）
C 覆盆子（綜合野莓醬）
D 巧克力糖果餃
E 覆盆子醬
F 玉米片

■ Step by step

步 驟

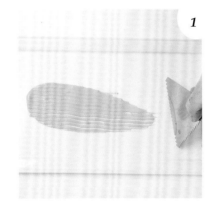

1

將南瓜醬舀至白長盤左側，用三角刮板
由右往左刮成長條狀。

2

用鑷子將巧克力糖果餃以四等分方式
倒、立交錯放在南瓜醬上。

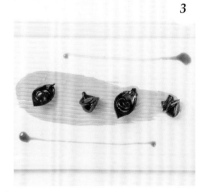

3

在長盤下方及上方空白處，各用擠醬罐
將覆盆子醬拖曳擠成一長條狀。

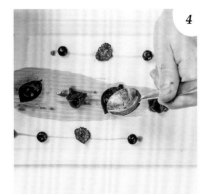

4

在兩條覆盆子醬上各放上兩顆藍莓和剖
半的覆盆子，並在巧克力糖果餃上淋一
些綜合野莓醬汁。

5

將四片玉米片放在覆盆子和藍莓中間。

● L'ATELIER de Joël Robuchon à Taipei ｜ 高橋和久 甜點主廚

溫暖幸福的美麗珍珠糖球
以雙盤托出高貴氣場

此道甜點使用產於夏季的杏桃 (Apricot)，有著黃澄澄的果肉，給人溫暖、明亮的感覺，在拉丁文中更是代表「珍貴」的意思，因此以此作為盤飾的主調來打造。金黃色的糖球置於具有凹槽的雙大盤中間，透明氣泡玻璃盤創造清透、明亮，而白色大圓盤置底增加氣勢，一層一層以圓聚焦，襯托其精緻和光芒。而畫盤和裝飾則同樣以金色、黃色線條呼應，並簡單以新鮮杏桃說明醬汁口味，以及薄荷泡泡與玻璃盤的清新夢幻，最後再以亮色系的薄荷和石竹綴上。整個就像一顆從夏天海邊發現的美麗珍珠，散發簡單卻有著無限的幸福。

器 皿

透明玻璃盤｜日本進口　**白色大圓盤**｜法國進口

此道甜點主體──糖球，裡面包藏多種醬汁餡料，在
食用時會破裂流出，因此選用有深度、凹槽的盤子盛
裝。透明玻璃盤本身有不規則氣泡，能夠製造出清澈
澄透的感覺，並透過白色大圓盤襯底，避免玻璃盤顯
得單薄，也能放大既有的盤面，讓畫面更有層次和氣
勢。

材 料

A　糖球
B　薄荷葉
C　檸檬奶油醬
D　杏仁冰淇淋
E　開心果粉
F　杏桃醬
G　石竹
H　薄荷泡泡
I　檸檬優格醬
J　杏桃
K　香草布蕾醬

步 驟

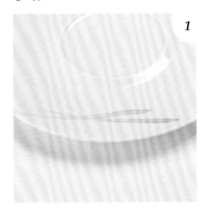

1

金粉加一點酒精，用小毛刷於白色大圓
盤上方，由粗到細畫出兩條交叉線條。

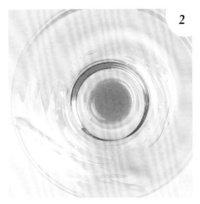

2

透明玻璃盤置於白色大圓盤上。於透明
玻璃盤盤底中央擠杏桃醬，再用湯匙挖
取檸檬奶油醬，在玻璃盤右上角畫線條
裝飾，線條角度與白色大圓盤裝飾一
致，上下呼應。

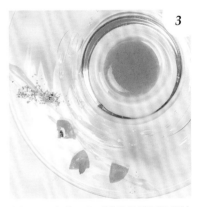

3

杏桃切三小塊，分別沿著檸檬奶油醬線
條上半部擺放，第二塊上放薄荷葉，第
三塊上面放石竹，最後在下半部的線條
撒一些開心果粉為固定杏仁冰淇淋。

4

將已經從底部填入香草布蕾醬、檸檬優
格醬、杏桃內餡的糖球，擺在盤底杏桃
醬上面。

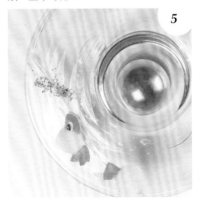

5

用湯匙取薄荷泡泡，點綴在線條上端及
下面兩個杏桃中間。

6

用湯匙挖杏仁冰淇淋成橄欖球狀，斜擺
在開心果粉上面。

Tips：步驟 *1* 使用酒精加金粉可以滑順的畫
出線條，而不使用水的原因在於，酒精易揮
發，能讓畫盤快乾定型，但由於酒精會影響
甜點口味不適合食用，適合使用在襯底的盤
子等非食用範圍的部分。

寬邊金盤大器襯托精巧小點
包藏驚喜的蘋果糖球

將一般造型簡單的糖球塑型為蘋果造型，再灌入草莓泡泡、檸檬泡泡、草莓雪貝，使其呈現淡淡的金屬粉色，襯以綠色蘋果片兩相對比、托高。使用奢華、大器的金色寬邊白盤，讓整體夠呈現平衡的圓形三分法，一圈一圈向內聚焦，讓精巧的小點不因簡單的裝飾而顯得單調。除了盤飾予以的華麗視覺享受與童話想像，在品嚐還能享有擊碎後，流瀉出的冰涼與清脆的口感，交織出豐富絕妙的甜蜜咬勁。

鹽之華法國餐廳─黎俞君　廚藝總監

器皿

金邊大圓盤 | 法國 LEGLE

白色大圓盤帶有金色寬邊，鏤空設計黑金色交錯，予人奢華與貴氣強烈視覺感受，寬版的金邊則可以簡單聚焦體積小巧、造型簡單的紅蘋果糖球，各占 1/3 面積以平衡視覺，營造大器俐落的感覺。

材料

A 草莓泡泡
B 檸檬泡泡
C 草莓雪貝
D 氣球造型糖球
E 蘋果片
F 玫瑰花瓣糖
G 蘋果造型糖球

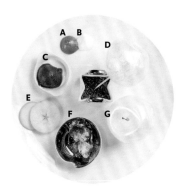

步驟

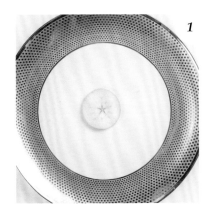

1

蘋果片放在盤子正中央為底。

2

依序將草莓泡泡、草莓雪貝、檸檬泡泡灌入蘋果造型糖球中。

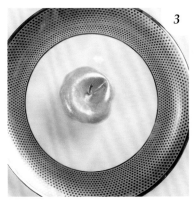

3

將步驟 **2** 完成的蘋果造型糖球疊放在蘋果片上。

4

將氣球造型糖球插上竹籤用以裝飾、方便固定位置。

5

以蘋果糖球為中心，外圍平均放上數片玫瑰花瓣糖。並可於上桌時，將步驟 **4** 完成的氣球造型糖球插在袋子造型瓷器中，增加視覺的豐富性。

Tips：製作糖球時，需留意糖球的厚薄度，盡可能使其薄透，一來透明度更高，二來能讓享用時的口感更佳，若太厚食用時易割傷口腔，要特別小心。

空氣感盤飾
色調清淡畫面簡單

味覺層次豐富的糖球，透明易碎並有著粉嫩色澤，完美球
體予人純淨夢境的想像。襯以兩條等距平行的porto酒醬線
條，創造綿延的視覺感受，再以簡單的三角結構放上切成薄
片的甜桃與淺紫色果凍，一旁則自然散落些許薰衣草。整體
色彩以紫紅為基調，淺淡而明亮，勾出溫暖清新的畫面。

Start Boulangerie 麵包坊 ｜ Joshua Chef

器 皿

白色淺瓷盤 │一般餐具行

基本的白色圓盤面積大而小有弧度，表面光滑適合當作畫布在上面盡情揮灑，並能有大片留白演繹時尚、空間感，予人純淨的想像。

材 料

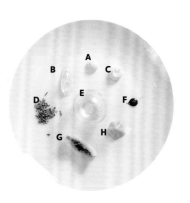

A 檸檬餡
B 薰衣草凍
C 烤布蕾
D 薰衣草
E 糖球
F porto 酒醬
G 甜桃片
H 野草莓慕斯

步 驟

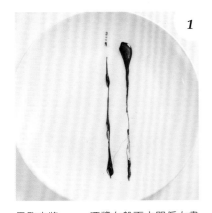

1

用匙尖將 porto 酒醬在盤面中間偏右畫上兩條粗細不一的直線。

2

酒醬線條中間，以三角構圖斜擺上三片切成角狀的甜桃，營造出樹葉分岔的感覺。

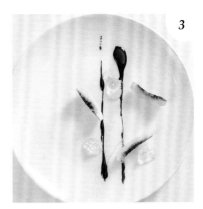

3

在 porto 酒醬線條中間，以三角構圖斜擺上三小塊薰衣草凍，並與甜桃片交錯開來。

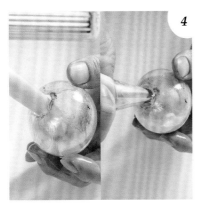

4

於糖球中擠入檸檬餡、甜桃丁、野草莓慕斯、烤布蕾。

5

糖球放在兩道 porto 酒醬線條中間偏上。

6

在盤面的左半邊撒上薰衣草。因為主要為裝飾目的而非食用，所以與右邊的甜點拉出一點距離。

德朗餐廳——李俊儀 甜點副主廚

厚實木質提升分量感
真心誠意獻上珍藏小點

半圓造型的覆盆子荔枝巧克力和 Mojito 橡皮糖，一紅一白、
一光滑一粗糙，透過最簡單擺盤手法，交錯擺放成一直線成
強烈對比，營造自然的躍動感，再綴以薄荷葉片和覆盆子，
呼應木紋長方條的自然氣息。俐落、富手工質感的黑色長方
木條，襯托色彩明亮的小點，整體帶出慎重、沉穩的氣質。

器 皿

黑色長方木條 | 日本工藝家特別訂製

黑色的長方形木條帶有自然樹紋，霧面質感溫潤、沉
穩，加上深色表面能襯托明亮色系的食材，而其厚實
材質和方正線條則能加強小點的分量感，有著慎重獻
上的真心誠意。

材 料

A 薄荷葉
B 覆盆子
C 橡皮糖
D 覆盆子荔枝巧克力

■ Step by step

步 驟

1

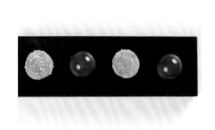

將各兩個橡皮糖和覆盆子荔枝巧克力，
平均交錯放在黑色木條上。

2

將覆盆子剖半，切面朝上置於右二橡皮
糖的右上方。

3

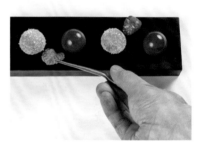

鑷子夾薄荷葉綴於左二覆盆子荔枝巧克
力的左下方。

由粗獷至優雅
源自大地最初的感動

以巧克力的生長過程為擺盤創意，完整呈現巧克力各階段最
自然真實的本色。從碩大的巧克力豆莢、作為盤飾背景的研
磨可可豆碎、巧克力豆，乃至主角台灣六味巧克力，具體而
微演示了巧克力從無至有，由素樸農作淬鍊為精緻甜品的系
列樣態。粗獷溫暖的大地色調既傳達原始動人的土地生命，
也烘托主廚致力以台灣本身農產創造創意巧克力，親近在地
與自然真味的用心。

Le Ruban Pâtisserie 法朋 — 李依錫 主廚

器 皿

方盤 | 紐西蘭 Nest

因巧克力種類與數量較多，選擇邊緣略帶高度的方
盤，可清楚陳列食材及避免巧克力碎不小心滑出盤
面。

材 料

A	綠蕊巧克力
B	醍醐巧克力
C	嫣紅巧克力
D	紅水巧克力
E	白玉巧克力
F	紫辛巧克力
G	可可豆碎
H	巧克力豆莢
I	巧克力豆

步 驟

1

將可可豆碎倒入方盤，以手掌鋪勻輕壓
使之平整，作為盤飾背景。

2

於盤面後方一角斜擺上巧克力豆莢。

3

於盤中散置數顆巧克力豆。

4

於盤中隨意擺放台灣六味巧克力，帶有
紅、金等鮮豔色調者可置於盤面前方，
營造視覺焦點。

● 德朗餐廳 ─ 李俊儀 甜點副主廚

大地色彩與手工質地
傳達食材內在精神

選擇大地氣息濃厚的手工器皿,其富有生命力的質感
搭配兩種原生於土地的食材:巧克力、花生,明確傳
達花生巧克力的內在特質,並以花生碎粒點綴暗示巧
克力的味道,增添畫面的豐富性。整體構圖簡單順著
器皿的造型,透過三點式擺放將巧克力放在折成三角
狀的器皿的頂點,讓主體落在視覺焦點上,也約略是
器皿本身的支撐點,使其不會因重量不平衡而偏斜。

器皿

材料

A 花生巧克力
B 花生

長條反折金屬網狀編織器皿 │ 日本工藝家特別訂製

造型獨特的手工打造金屬器皿,編織線條蜷曲富生命力,並具有木頭般的質感,再加上深褐色襯托花生巧克力表面的明亮色彩,呼應花生、巧克力土生的特質,充滿大地氣息。而其反折的細長造型適合盛放小點,並構築成三角狀,頂點便成了焦點。

步驟

1

在器皿的尾端順著其方向,斜放上一塊花生巧克力。

2

在器皿的前端順著其方向,斜放上一塊花生巧克力。

3

將大小不一、捏碎成一半的花生沿著器皿形狀的中軸線綴滿其空隙處。

淘藏金礦
創造尋寶樂趣

靈感源來自於1840年代的淘金熱，帶有圓滑曲線的白盤載
金礦貝禮詩榛果巧克力球和焦糖榛果，彷彿流動河水中，淘
洗著黑石與金礦，撒上的巧克力酥餅與榛果酥餅則是深淺不
一、乾濕交雜的泥沙，金箔便是陽光與水折射出的光澤，憑
藉天馬行空的想像具象化百年前的畫面，賦予巧克力神祕色
彩。構圖擺放上則採層層鋪放的手法，以榛果冰淇淋為底，
圍繞堆疊起加利福尼亞(California)河邊之景，在食用時也
能體驗到一層一層反覆挖掘、撥散的樂趣。

器 皿

材 料

A　金礦貝禮詩榛果巧克力球

B　巧克力酥餅

C　榛果酥餅

D　金箔

E　榛果冰淇淋

F　焦糖榛果

白色曲線圓盤｜購自義大利

曲線圓潤的白盤，立體如卵石、光滑如水流拂過，與
此道甜點的想像畫面相吻合。而立體的高盤身與中間
下凹曲線則具有集中聚焦的效果。

步 驟

1

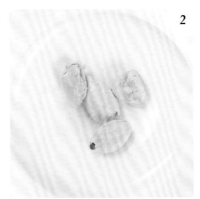

以湯匙挖榛果冰淇淋成成橄欖球狀，斜擺
在盤子中間。

2

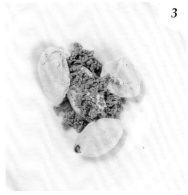

將焦糖榛果以榛果冰淇淋為中心，三角
構圖擺放。

3

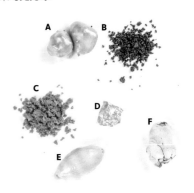

將敲碎的榛果酥餅鋪灑在榛果冰淇淋
上。

4

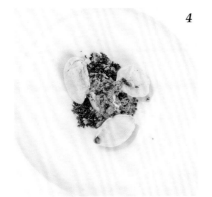

鋪灑敲碎的巧克力酥餅於榛果冰淇淋
上。

5

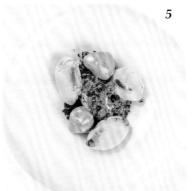

於焦糖榛果構成的三角中的其中兩個空
白處，擺放金礦貝禮詩榛果巧克力球。

6

於焦糖榛果構成的三角中的最後一個空
白處鋪上一片金箔。

巧妙運用天然元素
重現大自然無限生機

注入南投龍眼蜜的蜂巢狀白巧克力、蕈菇狀蛋白霜、青苔色的薑汁檸檬酥餅與抹茶巧克力粉，模擬林裡生機盎然的種種，再巧妙的運用蘋果樹樹皮、松樹枝、三色堇，三者天然素材交錯搭配，真假之間重現大自然景緻。整體構圖以白巧克力蜂巢為主體以松樹枝托出高度，其他食材以三角結構圍繞；色彩則採用清新躍動的黃色、綠色，最後綴以對比強烈的紫色三色堇，給予視覺上無限的豐富感。

器皿

蘋果樹盤│購自園藝店

原是整片蘋果樹皮，坊間多用來作為居家裝飾，將其裁切為長方形，便成了甜點盤。樹皮凹凸不平的質地充滿原始獷味，能有效固定食材，進行堆疊擺放，雖不適合作畫盤，卻以抹茶巧克力粉代替，打亮深色背景、聚焦主題，並營造出有如青苔附著的自然樣貌。

材料

A 三色菫
B 薑汁檸檬酥餅
C 香草冰淇淋
D 可可粉
E 白巧克力蜂巢
F 龍眼蜜
G 桂花蛋白霜
H 松樹枝

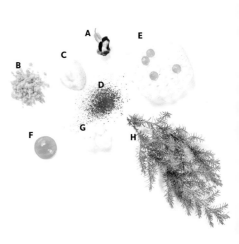

步驟

1

在蘋果樹盤表面噴灑抹茶巧克力粉，作出如青苔附著的樣貌。接著將松樹枝斜擺在中間偏上方。

2

白巧克力蜂巢凹陷處擠上龍眼蜜，就如天然蜂巢狀。再將其上方與松樹枝的梗交疊。

3

用湯匙挖香草冰淇淋，並以三角狀使其自然滴落在盤子上。目的是固定其他食材和第一層的構圖定位。

4

將敲碎的薑汁檸檬酥餅鋪灑在香草冰淇淋上，以及白巧克力蜂巢左側。

5

將蕈菇造型的桂花蛋白霜黏在香草冰淇淋上，並以篩網在表面灑上少許可可粉點綴呼應盤面顏色。

6

三色菫插在最右側的桂花蛋白霜旁。

特殊子母盤比擬星球團圓
一大一小彼此牽絆

義籍主廚以台灣的中秋節為靈感，將造型特殊的子母盤發想為行
星和衛星，黑巧克力慕斯球是行星，底下襯義大利甜點的經典食
材——蛋白霜和台灣在地水果——百香果，托高主體，百香果的酸
調和蛋白霜的甜，巧妙地以異地食材的結合隱喻鄉愁；香草冰淇淋
是衛星，繞著行星轉，而螺旋巧克力棍串起行星與衛星，像是引力
牽絆著。整體採白、褐、金、黃色與大量的圓，創造星空宇宙色
彩，體現圓的圓滿。

維多麗亞酒店 ｜ Marco Lotito Chef

器 皿

材料

A 蛋白霜

B 金箔

C 百香果醬

D 黑巧克力慕斯球

E 螺旋巧克力棍

F 香草冰淇淋

子母白凹盤 | 西班牙 Porvasal

造型特殊的白盤，一大一小的子母凹槽和蛋形外觀，一體成形方便搭配，以此比擬為行星與衛星，置入球體食材，盤緣便成了滑動的軌道，以大小、容量清楚呈現主、配角。而具深度的凹槽，可以盛裝易融化的冰淇淋和醬汁，避免溢出。

步 驟

1

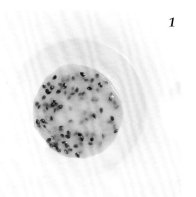

用湯匙將百香果醬填入母凹槽中至約 1/4 的高度。

2

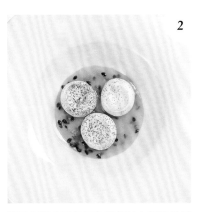

將三個蛋白霜呈三角形擺放在百香果醬上。

3

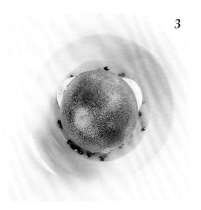

將黑巧克力慕斯球放在三個蛋白霜上。

4

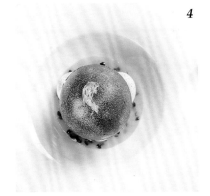

用鑷子將金箔綴飾在巧克力球頂端。

5

將香草冰淇淋挖一球至子凹槽中。螺旋巧克力棍一端搭在巧克力球上，另一端搭在香草冰淇淋上即成。

Tips：在盤飾有巧克力、冰淇淋等易融化的食材時，要特別注意溫度、濕度和時間的掌握，避免影響其外觀和口感。

金球的祕密
圓與球、完美與破壞、冷與熱

大大的金色球體、大大的圓形白湯盤以及由外而內一圈一圈
盤緣與巧克力醬的羅紋，將視線帶入中間主體引起好奇，再
藉由上桌時的熱巧克力醬汁澆融，化開表面，一探究竟，形
成不規則的表面。而藏在金球裡的食材也同樣以圓形為主
軸，模具塑型成圓的巧克力餅乾碎、球狀香草冰淇淋、一串
紅醋栗與圓形沙布列，或平面或立體交疊而成。

台北君品酒店 — 王哲廷 點心房主廚

器皿

材料

A 巧克力球

B 熱巧克力醬汁

C 巧克力醬

D 紅醋栗

E 香草冰淇淋

F 沙布列

G 巧克力餅乾

羅紋白色湯盤 │ 一般餐具行

此道甜點最重要的特色為圓形中空的巧克力金球，因此為呼應其造型，選用外圈有羅紋的圓形白盤，並讓視覺集中於正中央。湯盤的高度高，適合盛裝有湯汁、體積較大的料理，此道甜點最後會淋上熱巧克力醬汁，能避免溢出盤外。

步驟

1

把盤子放在轉檯上，利用轉檯將巧克力醬以擠花袋，在盤底凹槽的外圍擠出圓形線條。

2

同樣利用轉檯，以抹刀抹開步驟 *1* 擠出的圓形線條後，取下盤子。

3

將中空圓形模具放在正中間，目的是為了確定圓形符合巧克力球開口的大小。鋪入厚厚一層巧克力餅乾碎，可防止冰淇淋滑動、增加口感。

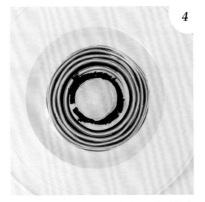

4

取下模具後，用冰淇淋杓挖一球香草冰淇淋，擺在巧克力餅乾上。

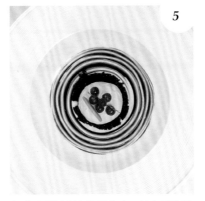

5

紅醋栗斜擺在冰淇淋上方，沙布列則像屏風一樣，直立插在紅醋栗的右後側。

6

中空的巧克力球罩住所有食材。上桌後，以溫度足以融化固態巧克力球的熱巧克力醬汁淋上，使其不規則破損。

Tips：冰淇淋下方墊一層餅乾碎片，主要是有止滑的作用，避免冰淇淋滑動。

情侶專屬
層層堆疊猜不到的甜蜜滋味

設計理念來自給情人分享的甜點，整體盤飾核心概念為雙數與對稱，因此將被包覆的食材平均擺放，而外面的巧克力片則交疊覆蓋成圓形為沒有正反之分的對稱狀方便分食，製造出未知、令人期待的驚喜感，給予討論與猜測的樂趣。主要的色系為大地色系，褐色與米白兩種屬於較樸實溫暖的色彩，透過平滑的、不規則立體線條和灑上點狀粉末的巧克力片，以質地上的差異做出層次感。

MUME | Kai Ward Head Chef

器 皿

米色雜點圓陶盤 │ 日本訂做

米色盤子上的褐色雜點與巧克力的色系相同，呼應也
襯托出巧克力的層次感，略有高度的淺邊則讓主角更
聚焦。帶有厚度的盤子、邊緣不規則狀的手工感，與
帶自然感的片狀巧克力則有著細緻的連結。

材 料

A	巧克力慕斯	D	糖漬柳橙	H	煙燻香草冰淇淋
B	焦化巧克力	E	榛果		
C	巧克力脆片	F	牛奶脆片		
	（含馬鈴薯成分）	G	巧克力脆片		

步 驟

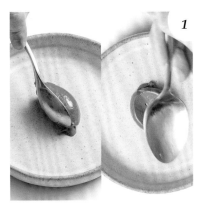

1

以湯匙挖巧克力慕斯成橄欖球狀，斜擺
在盤子中間作為基底，並以湯匙背面輕
壓，在表面製造出一個凹槽固定步驟 5
的煙燻香草冰淇淋。

2

將焦化巧克力以擠花袋繞著巧克力慕斯
周圍擠，平均間隔一邊各三點作為定
位。

3

用小湯匙挖取榛果，並避免一次撒太多
用手一點一點捏起鋪撒在焦化巧克力間
隔中。

4

將糖漬柳橙同上步驟均勻地鋪撒。

5

以與第一步驟相同大小的湯匙挖煙燻香
草冰淇淋成橄欖球狀，擺在巧克力慕斯
的凹槽上，兩者的弧度會相合。

6

以步驟 2 底部的點狀焦化巧克力作為定
點，和上方的煙燻香草冰淇淋為固定黏
著，依序將每種巧克力片各兩片斜放交
錯相疊，把其他食材圍蓋起來。

巧
克
力

Creamed chocolate square
Cocoa shortbread & vanilla ice cream
巧克立方佐可可亞奶油酥餅
與香草冰淇淋

脆與軟，苦與甜
屬於巧克力的積木變奏曲

以可可亞奶油酥餅、巧克力甘納許、巧克力酥餅等巧克力家族疊成
端端正正的立方體，展現宛如積木般富於組合、結構的個性美感，
每一層口感、色調皆同中有異，可品賞各自細節變化。而冰淇淋柔
潤冰涼的口感，又可與巧克立方的濃甜，作出化零為整的鮮明對
照。畫盤時則刻意畫出角度偏斜的直線，與巧克立方本身的方正相
映成趣，使整體構圖活潑不呆板。

S.T.A.Y. STAY & Sweet Tea｜Alexis Bouillet 駐台甜點主廚

A	巧克力酥餅	**D**	可可亞奶油酥餅
B	巧克力甘奈許	**E**	金箔
C	巧克力醬	**F**	香草冰淇淋

Chinaware 26cm round plate｜雅尼克訂做

印有雅尼克 A 字標誌的圓平盤，簡潔並富高辨識度，為雅尼克餐廳專用食器。基本的白色圓盤面積大而有厚度，表面光滑適合當作畫布在上面盡情揮灑，並能有大片留白演繹時尚、空間感，唯須避開 Logo 的部分擺放。

■ Step by step
步驟

1

以巧克力醬於盤面中線左方約 45 度處拉出一條直線畫盤，收尾時略略回勾。畫盤角度可自行調整，主要是為了替巧克立方定位，又營造有視覺變化的直線。

2

疊放巧克立方主體。先以抹刀於盤面正中央擺上可可亞奶油酥餅，再疊上一層巧克力甘納許，最後疊上中心呈方形鏤空的巧克力酥餅。

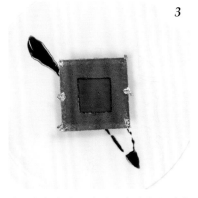

3

於巧克立方的兩邊以刀尖點上六點金箔。

4

於巧克力酥餅中央撒上巧克力餅乾屑預作固定。

5

挖香草冰淇淋成橄欖球狀直直擺在巧克力餅乾屑上。

豪邁粗獷單線堆疊
大地系自然散落

不同於法式餐點的甜點以小分量收尾，甜點專賣店的分量需
飽滿實在，以滿足客人專門享用甜食的期待。微波抹茶蛋糕
空隙大而蓬鬆，再加上手撕分塊，呈現自然的紋理，搭配大
塊不刻意塑形的食材堆疊，營造出恍若岩石、青苔、土壤等
自然物。整體分量約佔盤子的1/3，簡單單線堆疊、兩側不
收邊，呈現不拘的豪邁狀。

● Terrier Sweets 小梗甜點咖啡 ｜ Lewis *Chef*

器 皿

材 料

A 巧克力豆餅乾
B 開心果碎粒
C 巧克力
D 蛋糕粉
E 軟巧克力
F 蜜汁無花果乾
G 抹茶蛋糕
H 巧克力蛋糕
I 薄荷葉

白色平盤 | 購自家

白色圓盤面積大而平坦，表面光滑適合當作畫布，演繹大空間，而其無盤緣的造型也給人簡約俐落的時尚感，完整呈現盤飾畫面。

步 驟

1

將巧克力豆餅乾於盤中撒上一橫線，約佔盤面 1/3 寬。

2

數塊手撕抹茶蛋糕於巧克力豆餅乾左右交錯擺放。

3

蛋糕粉輕撒於巧克力豆餅乾上。

4

接續上一步驟，於空隙處左右交錯放上巧克力與巧克力蛋糕。

5

將上三顆軟巧克力平均放在橫線頂端。

6

將開心果碎粒輕撒於橫線頂端裝飾，再於空隙處放上四顆剖半的蜜汁無花果乾。無花果乾剖面朝上。

大面積留白簡單聚焦
解構衍伸其核心概念

以受到大家歡迎的小點——金莎巧克力為發想,將原本小巧
的球狀解構:金色鋁箔紙與白色小貼紙包裝,內層為薄脆
餅,外面披覆著巧克力與榛果碎粒,內餡包裹香濃的榛果醬
和單顆榛果,改以運用氮氣瓶填充巧克力,使口感更輕盈,
別於一般厚重的印象,榛果方面則運用兩種不同的技巧,一
是將榛果醬抹上為底,另一是用油脂轉化粉加榛果油,最後
再加上取代威化脆餅的奶油酥粒與帶有輕脆口感的巧克力糖
片,以及杏仁風味麵條形狀的果凍,便完成了重組的金莎巧
克力。保留金沙巧克力精緻奢華的色彩——深褐、白與金,
整體以大量留白的方式讓視線聚焦,打造多層次時尚。

器 皿

材 料

A 巧克力糖片
B 榛果油粉
C 榛果醬
D 充氣巧克力
E 餅乾屑
F 金箔
G 杏仁麵條

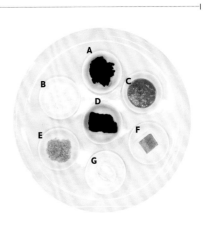

白色大圓盤 | 一般餐具行

白色圓盤面積大而平坦，表面光滑適合當作畫布，演繹大空間，而其無盤緣的造型也給人簡約俐落的時尚感，相對不規則形狀的食材，形成對比。

步 驟

1

將榛果醬以寬毛刷由粗到細、由中至外，斜斜往右上畫一條在盤子上。

2

榛果油粉與榛果醬交錯，撒成一條直線。餅乾屑撒在榛果油粉線條的兩端。

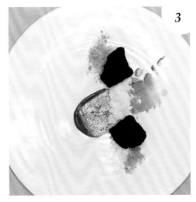

3

榛果油粉與餅乾屑交界處，各放上一塊不規則狀的充氣巧克力。

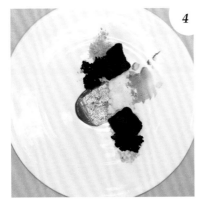

4

在充氣巧克力旁各斜放上一片大小適中的巧克力糖片。

5

將杏仁麵條以 S 形繞過兩個充氣巧克力中間。最後在兩個充氣巧克力邊角以金箔點綴。

以土黃系色為基調
展現秋日落葉美景

用天然木頭製成的木盤當作大地、巧克力沙作為土壤，用烘烤得脆脆的紫蘇葉來盛裝土黃色系的當季食材如栗子泥、檸檬果凍、糖炒榛果以及巧克力榛果、南瓜、柑橘等醬。原木、土黃和綠葉的搭配，讓人彷彿置身秋日森林中。紫蘇葉採四等分方式置於木盤上，卻以不同角度自然擺放，加上隨意灑落的巧克力沙、吃紫蘇葉時的酥脆感，一幅秋天落葉卡茲卡茲響的美景儼然呈於眼前。

Yellow Lemon | Andrea Bonaffini Chef

器 皿

材 料

A 巧克力榛果醬   D 海鹽   G 檸檬果凍

B 南瓜醬   E 紫蘇葉   H 糖炒榛果

C 柑橘醬   F 栗子泥   I 巧克力沙

淺色長木盤｜特別訂做

以原木做成的長條木盤，原木風味搭配自然風食材，淺色盤面能襯托深色食材，充分呈現出大自然原汁原味的美好。

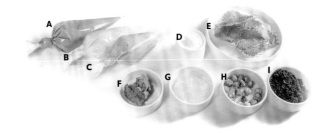

步 驟

1

巧克力沙沿木盤中線撒成一直線。將四片沾了糖粉、蛋白後烘乾的紫蘇葉平均放在巧克力沙上。

2

用擠花袋在紫蘇葉擠上巧克力榛果醬成水滴狀，並在上面撒些海鹽。

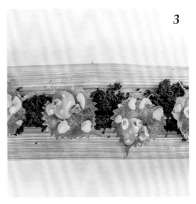

3

在紫蘇葉上的巧克力榛果醬周圍，用擠花袋擠上四小滴南瓜醬。巧克力榛果醬各放上兩三顆糖炒榛果。

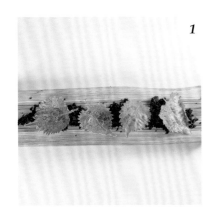

4

每個紫蘇葉上各擠上一大球栗子泥及兩、三球柑橘醬。

5

每個紫蘇葉上各放上一小株百里香葉和一兩塊檸檬果凍。

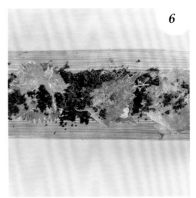

6

每個紫蘇葉各蓋上一片紫蘇葉，再撒上一些巧克力沙即成。

布
丁

Crème Brulee with peach
and rose sorbet
焦糖布丁佐水蜜桃玫瑰雪貝

簡潔實用
不敗的優雅經典

這道擺盤重點在於選用恰當食器與配料展示,布
丁本身反而不是擺盤的視覺主體。以優雅大方的
布丁杯、碟、長方盤等系列白瓷食器,將布丁、
焦糖佐醬與雪貝一一安置,因焦糖布丁口味濃
郁,便選用水蜜桃玫瑰雪貝,以酸甜果香清新味
覺。外露展示的配料一來可提示口味搭配,二來
暖褐與桃粉的彩色,也為純白盤面添加一抹嬌柔
氣質。

Angelo Aglianó Restaurant │ Angelo Aglianó Chef

器 皿

白瓷長方盤、白瓷小碟、湯匙、布丁杯碟│購自陶雅

質感高雅的系列白瓷食器，一般也可單獨或與其他食
器搭配，不一定得購買同一系列食器，若是色調、質
感相同，也可嘗試搭配。

材 料

A 布丁

B 焦糖醬

C 水蜜桃玫瑰雪貝

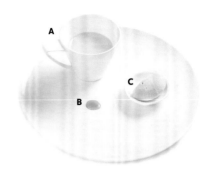

■ Step by step

步 驟

1

將湯匙斜和白瓷小碟放於長方盤。

2

於長方盤擺上已完成的布丁杯。

3

於布丁杯頂蓋上布丁碟，酌量擠入焦糖
醬。

4

於另一小碟盛上水蜜桃玫瑰雪貝，完成
擺盤。

維多麗亞酒店 | Marco Lotito Chef

異材質拼接創造雙情境
夏日豔陽花開蝶飛

將傳統布丁改良成慕斯狀，色彩深而沉重，因此加上如大片花瓣的
淡黃色烘乾鳳梨片交錯立放，以重複、由低至高的層遞貫穿對角
線，延伸出溫和大器的效果，其他醬汁、糖果裝飾則以此為主線左
右對稱，色調雖簡單，襯以粗獷黑岩盤加深輪廓。對比大片鳳梨
片，小巧的蝴蝶和小黃花糖使盤中場景活潑生動、細緻，最關鍵的
白色底盤聚焦這幅花園景象，創造如畫的餐桌情境。

器皿

黑白方盤 | 法國 Revol

異材質拼接的方盤，一白一黑、一大一小、光滑與粗糙，白瓷盤明亮大器、聚焦視線，內嵌黑色岩盤自然粗獷搭配甜點上的糖蝴蝶與花，創造大地意象，襯托明亮色系的食材，同時賦予其自然情境的營造，又能框出如畫的高貴。

材料

A	乾燥鳳梨片	D	發泡鮮奶油
B	巧克力布丁	E	黃蝴蝶、小白花造型糖
C	優格	F	軟糖

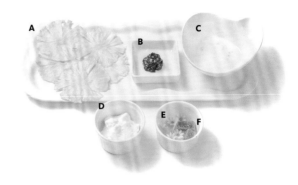

步驟

1

用剪刀把鳳梨底部剪平，使其能立起。

2

盤子擺成菱形。鳳梨片立在盤中，用擠花袋擠一些巧克力布丁作為支撐，重複三次成一直線。

3

用湯匙尖在鳳梨片左右兩側各刮上兩道長短不一的優格。

4

在方盤左右側各放上一塊軟糖並疊上一隻黃色蝴蝶糖。盤子左上、左下及右下方各綴上一朵小白花糖。

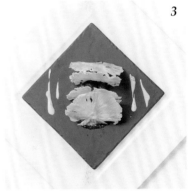

5

將發泡鮮奶油以畫圓圈的方式擠在最前面的鳳梨片前，以不高過鳳梨片為原則。

Tips：1. 擺放巧克力布丁醬和鳳梨片，要注意溫度和濕度，避免出水而變軟不易支撐、擺放。**2.** 裁切鳳梨片的大小時，以最前面最矮、最後面最高為原則，避免平視時彼此遮擋。

寒舍艾麗酒店　林照富　點心房副主廚

旋風狀畫盤活潑靈動
傳統甜點的三角形新意

義大利的耶誕麵包──潘娜朵尼 (Panettone)，由多種果乾製成，奶油香氣雋永迷人，是歡慶時光的佐餐佳餚。配合台灣人的口味，將潘娜朵尼麵包製成麵包布丁，保留果乾馥郁的多層次風味，同時嚐到布丁的軟嫩香滑，呈現有個性的三角狀。透過香草咖啡醬汁畫盤線條與盤面共同呈現靈活的動態感，色調溫暖而味覺新鮮活潑。

器皿

材料

A 草莓
B 薄荷葉
C 開心果蛋白餅
D 巧克力屑
E 潘朵拉聖誕布丁
F 卡士達醬
G 香草咖啡醬汁
H 黑覆盆子

氣旋白圓盤 | DEVA

盤緣如兩個半圓錯開的狀態，露出順時針的邊角，有著正在旋轉的視覺感受，予以簡單大方的白色圓盤動態感，而盤面大而平坦適合做畫盤，並能有大面積留白的空間感與營造氣勢。

步驟

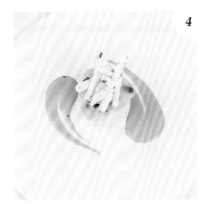

1

湯匙舀香草咖啡醬汁順著盤的圓弧，由粗到細刮畫出一條旋風狀的圓弧線；將盤子轉180度，以同樣的方式畫出另一條對稱的圓弧線。兩者之間要留適當的距離擺放潘朵拉聖誕布丁。

2

潘朵拉聖誕布丁放在盤中央。

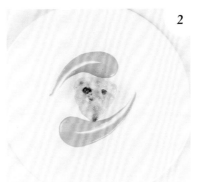

3

用擠花袋將卡士達醬擠一球在潘朵拉聖誕布丁上。

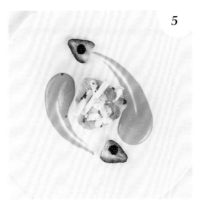

4

將開心果蛋白餅左右交錯斜斜黏在卡士達醬上。

5

點綴薄荷葉於開心果蛋白餅上，並於香草咖啡醬汁兩端，各放上一個剖半草莓，再疊上一顆黑覆盆子。

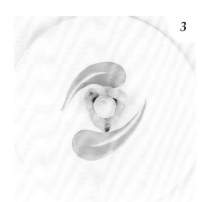

6

於香草咖啡醬汁上撒上些許巧克力碎屑。

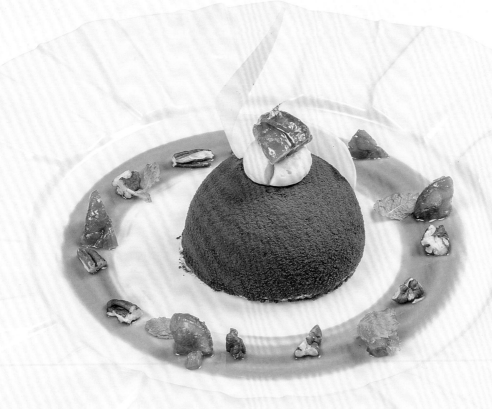

寒舍艾麗酒店 — 林照富 點心房副主廚

明暗對比和諧溫暖
賦予深色食材輕盈躍動感

青蘋果布蕾裹上可可粉，色彩優雅而沉穩，而其呈現半圓形狀，予人未完成、持續成長的動態感，因此透過櫻桃醬刷出速度感，一圈輕薄淺淡的莓紅畫盤穩定畫面，再加上流線型造型白巧克力，為深色主體的形象注入更多躍動、輕盈的感覺。色彩上，紅色與棕色兩者同色系的搭配，明暗對比而不突兀，不失原有溫暖優雅的氛圍。

器 皿

材料

A 白巧克力
B 胡桃
C 可可粉
D 薄荷葉
E 櫻桃醬
F 金箔
G 糖漬栗子
H 青蘋果布蕾
I 卡士達醬

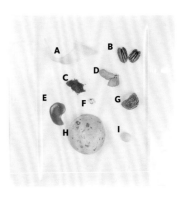

白色立體摺紋圓瓷盤 | DEVA

盤緣為不規則的立體緞帶摺紋，可以賦予造型簡單的食材甜美、清新的動態感，與螺旋狀的白巧克力片造型相呼應，就有如正在旋轉一般。

■ Step by step

步 驟

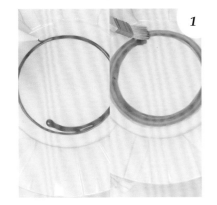

1

將盤子放在轉檯上，一手旋轉一手用擠花袋將櫻桃醬擠成圓形線條，再繼續旋轉，並換成毛刷將櫻桃醬刷成寬扁線條。

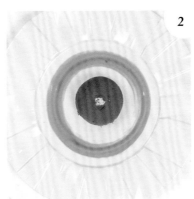

2

將撒滿可可粉的青蘋果布蕾放在盤中央，並於頂端挖出一個小洞，為接下來的步驟預留空間。

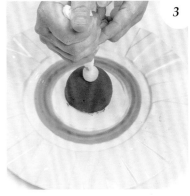

3

用擠花袋將卡士達醬擠入青蘋果布蕾頂端預留的小洞。

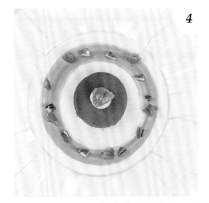

4

將 1/4 顆糖漬栗子放在卡士達醬上，再將胡桃碎粒和糖漬栗子交錯放在櫻桃醬畫盤上。

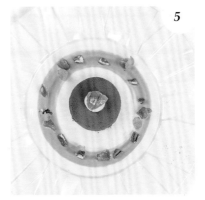

5

於櫻桃醬畫盤上點綴數片薄荷葉，並在布蕾上的糖漬栗子點綴金箔。

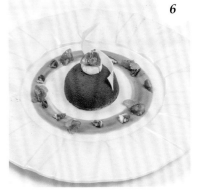

6

將造型白巧克力片立插在青蘋果布蕾上，向上延伸視覺。

漆黑與赭紅　黑糖為土
日式庭園的典雅風情

南瓜布蕾與水梨的清爽組合，本身甜度低，搭配香氣
十足的黑糖，另外擺放提供食用者自行加減量，不同
一般自行調配分量的個別獨立盛裝方式，沙梨焦化
麥瓜以日式庭園為概念，漆黑大缽為庭園盆栽，黑糖
為土壤，搭配赭紅紅色湯匙等內斂、富日式色調的器
皿，綴以外型樸實的月桂葉，以及有著家庭、古早氣
息的彈珠裝飾，完美結合兩種搭配食材，呈現舒服午
後的日式庭園風情。

● 德朗餐廳──李俊儀　甜點副主廚

器 皿

材 料

A 月桂葉

B 東昇南瓜布蕾

C 水梨原汁果凍

D 黑糖

E 水梨

F 太妃糖醬

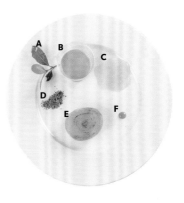

雙層漸層玻璃碗、黑色大缽、赭紅木湯匙｜國外進口

為了呈現水梨與南瓜布蕾水嫩的質地，使用雙層的透明玻璃碗，襯以厚實的黑色大缽增添分量感，再以黑糖做為中間介質，使兩種不同質感的器皿接合，再搭配赭紅木湯匙，暗色調帶來沉穩內斂的特質，營造日式庭園的和諧美感。

步 驟

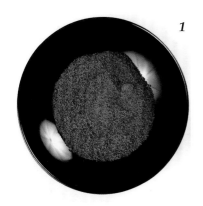

1

將黑糖鋪墊於黑色大缽內，並用匙背拍打整平。

2

將刨成片狀的水梨整成扁平圓形放入雙層玻璃碗內，填入東昇南瓜布蕾凝固後，再用擠花袋將太妃糖醬平均以點狀布滿布蕾表面。

3

將盛裝布蕾的玻璃碗放入深咖啡大缽內，再鋪上黑糖並以湯匙整平，並用雙手平均施力向下壓緊，使其固定於黑糖中。

4

將一株月桂葉、琉璃珠和朱紅色湯匙以三角構圖分別放在玻璃碗四周。

● MARINA By DN 望海西餐廳 ｜ DN Group

三角構圖穩定多層次不規則狀
重塑既定造型堆出立體感

別於一般印象中的布蕾——光滑、完美、幾何造型；
此道茶香布蕾透過隨興切割成不規則造型，用以堆疊
出不同層次的立體感，再撒上糖粒，用火槍燒出金黃
色 ，搭配口感清脆的芝麻脆片，向上延伸的不規則外
型呼應著布蕾，其他如草莓、藍莓和橙絲等配角平衡
布蕾較濃郁的口感使其不膩口，也以三角構圖收攏多
項食材、前低後高拉開視覺高度、點亮整體色彩。

器皿

材料

A　餅乾屑
B　砂糖
C　開心果屑
D　茶香布蕾
E　柳橙皮絲
F　草莓
G　藍莓
H　芝麻蝦餅

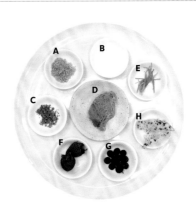

黑色圓盤｜一般餐具行

深色盤面適合襯托明亮色系的食材，大盤緣霧面波紋與光面的高反差接合，沉穩而內斂，並藉由其波紋呼應主體茶香布蕾的不規則狀，突顯本道盤飾的核心概念。

步驟

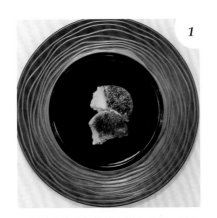

1

用湯匙將茶香布蕾挖出兩大塊後，撒上砂糖並用噴槍火槍烘烤，隨興置於盤中央。

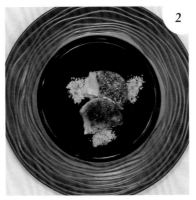

2

以倒三角形構圖在茶香布蕾周圍，撒上餅乾屑和開心果屑。

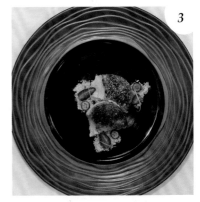

3

在餅乾屑和開心果屑上分別都放上切成角狀的草莓和剖半的藍莓，切面皆朝上，最後在草莓上放上一條柳橙皮絲。

4

將芝麻蝦餅以正三角構圖直直插在茶香布蕾上中下。

料理實驗室
鍾罩、鐵罐、石板創造分子料理獨特氛圍

分子料理藉由物理、化學、生物學等方法重新組合食物的分子
結構，將味覺、質地、口感、外型全部打散，並運用液態氮、
膠囊、針筒、試管等器材再現，如同科學實驗般繁複。因此此
道分子料理——薄荷茶布蕾佐焦糖流漿球，以鐵罐和玻璃鍾罩為
器皿，將色調簡單的布蕾搭配放入焦糖醬的果凍球，撒上焦糖
堅果碎取代會原本燒於表面的糖片，點綴薄荷葉和薄荷凍呼應
薄荷茶布蕾的沁涼，營造出料理實驗室的獨特想像。

器皿

材料

A 焦糖流漿球
B 薄荷葉
C 薄荷茶布蕾
D 金箔
E 餅乾屑
F 薄荷凍

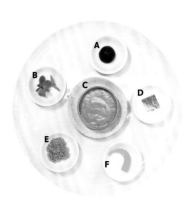

長方形石板｜一般餐具行　**鐵罐**｜購自網路商店
玻璃鍾罩與木底座｜購自網路商店

別於一般採用陶瓷與玻璃器皿，選擇鐵罐盛裝布蕾與
焦糖流漿球，突顯分子料理科學實驗般的獨特氛圍，
再加上玻璃鍾罩拉抬高度，除了表現立體感，也能保
留薄荷的香氣，而最底部的黑色石板，則穩定整體視
覺，做出色彩上強烈的對比。

步驟

1

將在圓形鐵罐中製作好的薄荷茶布蕾放
置圓形木盤中間。

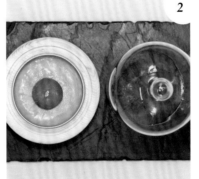
2

焦糖流漿球置於薄荷茶布蕾正中間，並
於其上點上金箔。

3

餅乾屑撒在焦糖流漿球左下角一弧形。

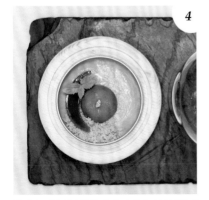
4

放上切成圓弧狀的薄荷凍在焦糖流漿球
左邊，並插上一小株薄荷葉在焦糖流漿
球左上邊。

5

蓋上玻璃鍾罩。

實與透、冷與熱
童年回憶的多重轉化

此道甜點為主廚承襲家鄉諾曼第傳統，以母親的米布丁食譜為
發想，運用冷、熱對比的料理手法，詮釋童年回憶的多重轉
化。味覺上，熱燙的熬煮米布丁與冷冰的米酒冰淇淋創造衝
突；視覺上，則是厚實小巧的透明玻璃碗與具刮痕黑卵石，一
實一透相對比，樸拙的外觀如同童年溫暖的時光，並同時模擬
傳統石鍋燉煮米布丁的方式，以牛奶萃取製成薑汁脆餅薄膜，
覆蓋在透明玻璃碗上，抽出石頭元素於一旁鵝卵石。

器 皿

透明玻璃碗｜購自德國　**鵝卵石**｜撿自海邊

似石鍋外型的透明玻璃碗，用以模擬傳統燉煮米布丁
的狀態，並能透視內部帶出層次，搭配上鵝卵石暗喻
石鍋材質，兩者小巧厚實、色調樸實純淨的外觀也如
同孩子回憶中溫暖的光景。

材料

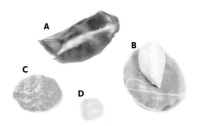

A 薑汁脆餅

B 米酒冰淇淋

C 薑汁米布丁

D 薑汁果醬

步 驟

1

將薑汁果醬淺淺一層鋪入透明玻璃碗
底。

2

再把米布丁平均鋪置於薑汁果醬上面，
高度約至玻璃碗的三分之一高。

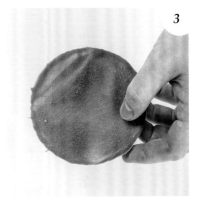

3

玻璃碗頂層覆蓋薑汁脆餅。

4

使用吹風機讓薑汁脆餅受熱軟化，再用
雙手把超出碗口四周的部分向下包覆，
塑型為碗蓋。

5

以湯匙挖米酒冰淇淋為橄欖球狀，擺放
在鵝卵石表面即完成。

Tips：1. 擺盤前可先將鵝卵石冰凍，讓冰淇
淋可維持在低溫，不致快速融化。2. 製作薑
汁脆餅時須注意要比玻璃碗口稍大一些，方
便包覆、塑型。

鏤空糖片包覆
打造閃爍水晶質感

將糖片塑成鏤空柱狀，再填入焦化柿子、咖啡泡泡與米布丁，讓食材閃爍出如水晶般的光澤，液態狀的咖啡泡泡與米布丁再自然由鏤空的洞中流瀉出來，呈現出堆疊的層次感，搭配鑲有金色邊緣的透明盤，除了呼應棕黃色系，細緻的外形也予以高貴優雅的視覺感受。

● 德朗餐廳 ── 李俊儀 甜點副主廚

器皿

材料

A 焦化柿子
B 糖片
C 咖啡粉
D 栗子冰沙
E 米布丁
F 南瓜子
G 咖啡泡泡
H 核桃

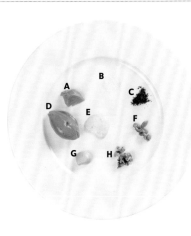

半月形鑲邊透明盤、金湯匙│日本工藝家特別訂製

半月形的透明盤，帶有立體斜紋的手工質感，偏厚材質折射出光澤可充分襯托食材，完美表現色彩與造型，再搭配金色湯匙呼應其金色鑲邊，高雅貴氣。

步驟

1

盤子以 45 度角擺放，將核桃於盤面左上方擺放成直條狀，繞成圓柱狀的糖片則置於右下方。

2

將三塊焦化柿子放入糖片內。

3

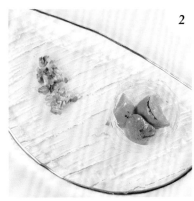

舀一匙米布丁填入糖片內。

4

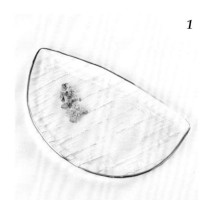

將數顆南瓜子放在米布丁上。

5

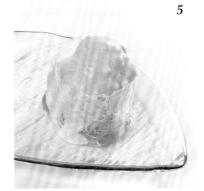

舀咖啡泡泡填入糖片內至約九分滿。

6

將咖啡粉撒在咖啡泡泡上，並挖栗子冰沙成橄欖球狀斜放在核桃上。

餐桌上的擬真遊戲
挑戰味蕾極限

以米布丁的食材「米」做為發想，賦予西方懷舊小點東方禪意，將甜食米布丁變為壽司飯、紅粉色系、薄長狀的覆盆子慕斯和草莓慕斯成了生魚片，黃色的戚風蛋糕加上切成長條的黑莓則成了玉子壽司，當然也不能忘了日本料理中最重要的醃菜和佐料，瓣狀白柚是醃蘿蔔的化身，帶點綠色的餅乾碎便是芥末。整體以擬真營造視覺味覺反差的趣味，沿著長方盤的對角線擺放延伸畫面。

●Nakano甜點沙龍—郭雨函 主廚

器皿

材料

A 米布丁	**D** 草莓慕斯	**G** 白葡萄柚
B 戚風蛋糕	**E** 餅乾碎	**H** 玫瑰花瓣
C 覆盆子慕斯	**F** 黑莓	**I** 巴西利

黑色長方形石板 | 英國 ATHENA

仿擬日本料理常見的壽司擺盤方式,使用長方形石板,以此黑色玄武石為底,沉甸的深色賦予高雅氣質,襯托壽司米飯的白與各種明亮色彩的壽司配料,就彷彿在高級日本料理店一般。

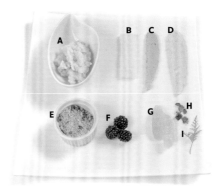

■ Step by step

步驟

1

湯匙挖米布丁成橄欖球狀,等距斜擺在石板上成一直線。

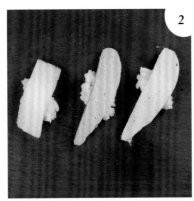

2

草莓慕斯、覆盆子慕斯、戚風蛋糕均切成薄長似壽司配料的形狀,依序鋪在米布丁上。

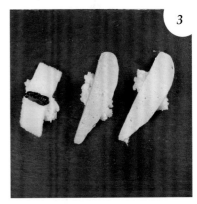

3

以黑莓仿擬海苔橫放在戚風蛋糕的腰部。

4

兩片白葡萄柚採交錯方式,放在石板右下角;餅乾碎鋪撒在石板左上角,兩者呈斜對角線。

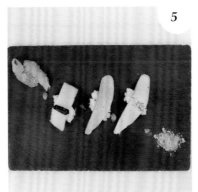

5

剪兩小段巴西利,插在白葡萄柚及草莓慕斯上;再沿斜對角線撒上玫瑰花瓣。

Angelo Aglianó Restaurant | Angelo Aglianó Chef

層次自然多元的家常美味

因義式奶酪 (Panna Cotta) 口味較甜郁，擺盤配料便以酸甜解膩的
果物為主，並以香脆有硬度的巧克力燕麥做為擺盤的基底。擺放
奶酪時需注意力道，避免底下的巧克力燕麥滑動。配料本身色彩
繽紛，如覆盆子、酒漬葡萄、黑莓的紫紅色調，與薄荷葉、巧克
力燕麥的大地色系，將純白奶酪妝點出天然繽紛的歡悅氣息，是
一道色彩運用、口感、營養皆層次豐富的擺盤。

器 皿

白瓷圓盤｜購自陶雅

簡單的圓形白盤，可呼應奶酪的渾圓形狀與潔白色調。大盤面能有大面積留白，予以空間、時尚感。

材 料

A　巧克力燕麥
B　覆盆子
C　酒漬葡萄
D　義大利奶酪
E　薄荷葉
F　黑莓雪貝
G　金箔
H　黑莓醬

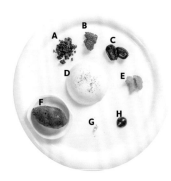

步 驟

1

擺上中空圓形模具，以小匙灑放巧克力燕麥，最後移走鋼模，使盤面呈現一均勻大圓，完成畫盤。

2

以抹刀將奶酪盛放於巧克力燕麥正上方，擺放力道需輕柔，不要將底下的燕麥擠散變形。

3

於盤面一角交錯擺放剖半覆盆子、剖半酒漬葡萄、薄荷葉。水果剖面朝上。

4

於奶酪表面依序將剖半的覆盆子交疊，點上黑莓醬，再綴上一片薄荷葉。

5

以刀尖在剖半酒漬葡萄和黑莓醬點上金箔。

6

於盤面一角灑上巧克力燕麥，最後再擺上黑莓雪貝。

台北喜來登大飯店安東廳 ── 許漢家 主廚

飛碟深盤　銳角延伸
甜美又不失性格

這道奶酪選用宛如飛碟的深圓盤，不僅富造型趣味，也適宜盛裝
有醬汁的甜品。裝飾深盤時則不妨大膽採用立體、帶有尖銳角
度或線條的食材裝飾，如豎立擺放的糖片、修長的片狀杏仁角
餅乾，具分量感的薄荷葉等，可延展盤面視覺，而善用紅醬、綠
葉、黃芒果等多彩食材，則可襯托奶酪的純白緻密質地。

A 巧克力球
B 紅醋栗
C 珍珠糖片
D 巧克力杏仁角餅乾
E 芒果球
F 奶酪

瓷器│德國 Rosenthal studio-line

略帶厚度的高雅深盤，除了擺放需淋醬的甜點，也很適合盛裝分量小而精緻的料理。大盤緣與中間盤面大小強烈對比，可以簡單聚焦畫面。

■ Step by step
步 驟

1

將奶酪杯置於約80˚C的水杯隔水加熱，再倒扣於深盤中央。

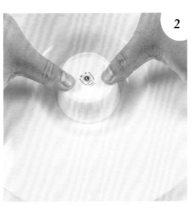

2

以雙手拇指壓住奶酪杯底兩側上下搖晃，使奶酪自然滑落盤中，完成脫模。

3

用擠罐將草莓醬沿著奶酪周邊擠上一圈，增加色澤與風味，此一步驟也可選用色彩、味道都很合適的芒果醬。

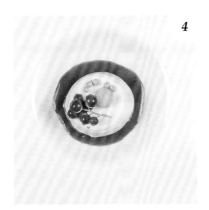

4

於奶酪頂端擺上一串紅醋栗、芒果球和巧克力球點綴。

5

於奶酪頂端直立插上珍珠糖片。

6

將巧克力杏仁角餅乾直立擺靠於奶酪側邊，再點綴數片薄荷葉，完成擺盤。

寒舍艾麗酒店 — 林照富 點心房副主廚

脆餅做煙囪　紅綠配
建造聖誕歡樂城堡

以經典紅配綠打造聖誕場景，多樣造型各異的水果、果凍圍繞如聖誕樹上的彩色裝飾配件，半圓體的奶酪是同童話裡的城堡，裝飾上扭旋狀的奶油餅乾，一如為聖誕老公公準備的煙囪，向上旋轉延伸。整體色彩鮮明，大片紅色圓圈畫盤聚焦主體，明亮熱情，搭配氣旋狀的盤面，搖搖擺擺，熱鬧歡騰。

A　蛋白霜

B　覆盆子奶酪 &
　　焦糖蘋果慕斯塔

C　紅醋栗果醬

D　薄荷葉

E　黑覆盆子

F　草莓

G　開心果碎粒

H　鳳梨果凍

I　紅石榴果凍

J　卡士達醬

K　奶油餅乾

氣旋白圓盤 │ DEVA

盤緣如兩個半圓錯開的狀態，露出順時針的邊角，有
著正在旋轉的視覺感受，予以簡單大方的白色圓盤動
態感，而盤面大而平坦適合做畫盤，並能有大面積留
白的空間感與營造氣勢。

■ Step by step
步 驟

1

將盤子放上轉檯上，將紅醋栗果醬倒入
盤中心，一邊旋轉，一邊以毛刷將果醬
暈染開來至約佔盤子的 1/2 面積。

2

將開心果碎黏在覆盆子奶酪與焦糖蘋果
慕斯塔之間的接縫上，再整個放在盤中
央。

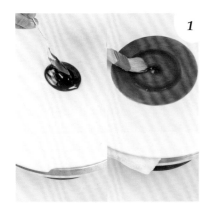

3

在奶酪頂端偏右方擠一點卡士達醬，再
黏上奶油餅乾。

4

在奶油餅乾上擠一點卡士達醬，再黏上
蛋白霜。

5

在紅醋栗果醬畫盤的上下左右，平均間
隔交錯放上切成 1/4 大小的紅石榴、鳳
梨果凍。

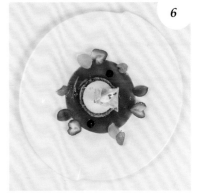

6

於果凍之間的空隙處以三角構圖放上切
成愛心狀的草莓、薄荷葉，再將兩顆黑
覆盆子對稱放在紅醋栗果醬畫盤內。

Tips：愛心形狀的草莓，有著節慶的歡樂感
與表達愛慕之意。切法為先將草莓平切去蒂，
再從左右各斜切一刀後對剖切開即完成。

單線留白簡約大器
異質地食材彼此襯托

為強調新鮮水果與優格的清爽，以單線留白的手法呈現
簡潔俐落的視覺感受，將焦點留給食材表現，粗獷、線
條不拘的堅果巧克力脆片以及線條豐富的果肉，與柔軟
嫩白的優格交錯形成材質上的強烈對比，彼此襯托讓畫
面更有張力。

北投老爺酒店 ｜ 陳之穎 集團顧問兼主廚

北投老爺酒店 ｜ 李宜蓉 西點師傅

器 皿

灰白寬圓盤｜義大利 Arthur Krupp

具有深度的寬圓盤，能夠防止質地柔軟的食材和液態
醬汁流出。而其盤面略帶灰色能突顯主體優格的純
白，光潔地與盤面弧形為食材聚光。

■ Ingredients

材 料

A 草莓
B 無花果
C 野生蜂蜜
D 優格
E 堅果巧克力脆片
F 薄荷葉
G 藍莓

■ Step by step

步 驟

1

以長型湯匙挖一匙優格，縱向放在盤面
1/3 處。

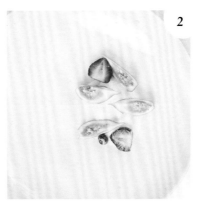

2

將切成角狀的無花果橫向交錯疊於優格
之上，並於優格的前後端各放上剖半的
草莓，再綴上一顆藍莓。草莓切面朝上。

3

將兩片手剝的堅果巧克力脆片立插於優
格與水果之間。

4

草莓上點綴一小株薄荷葉。

5

淋上蜂蜜即完成。（亦可不淋，直接將蜂
蜜杯端上桌，交由客人自行澆淋）

嬌羞紅粉果凍新娘
披上白紗、撒滿玫瑰堆高營造隆重浪漫之感

多層次的器皿組裝呈現出如套餐式的莊重感，透明的玻璃魚缸狀器皿
讓玫瑰綠茶凍更顯清透，搭配同是凍狀的蘋果凍，切成碎狀以不同質
感呈現出鑽石般閃爍，再向上堆疊塑成圓形的紫羅蘭糖絲網，如紗的
鏤空浪漫優雅，以及撒滿草莓乾燥碎的巧克力環聚焦視線。綴以玫瑰
花瓣與乾冰等小配件，帶出煙霧瀰漫的情境、製造浪漫氛圍。

香格里拉台北遠東國際大飯店 ─ 董錦婷 甜點主廚

器皿

材料

A 紫羅蘭糖絲網　　D 玫瑰花瓣
B 蘋果凍　　　　　E 草莓乾燥碎巧克力環
C 玫瑰綠茶凍

白圓盤｜日本 Narumi Bone China Meteor
金魚缸碗、倒錐皿｜購自美國

與盤子形狀相同的圓形浮雕布滿盤緣予人精緻的印象，一層一層線條與微微的弧度，讓視線集中在盤中央，便是此金魚缸碗和倒錐皿的透明器皿，也能避免指紋沾到玻璃器皿上方便端盤。造型特殊的金魚缸碗和倒錐皿，可營造多層次效果，如裝入乾冰製造煙霧、玫瑰花瓣或者以其他道具點綴增添不同的氛圍。

步驟

1

先將金魚缸碗放上白圓盤。將數片玫瑰花瓣放入金魚缸碗中，並以金魚缸碗為中心排一圈在白盤上。

2

事先將玫瑰綠茶凍做在倒錐皿中，放在金魚缸碗上，接著放上蘋果凍碎

3

草莓乾燥碎巧克力環放在倒錐型皿上。

4

紫羅蘭糖絲網揉成球型放在蘋果凍上。

5

把倒錐皿拿起，將乾冰倒入金魚缸碗中，倒入熱水製造霧氣後，再將倒錐皿放回便完成。

Tips：糖絲和乾冰易融化，要等到上桌前才加上，抓緊時間呈現給客人。

● Nakano 甜點沙龍 ─ 郭雨函 主廚

翻玩意象
白浪翻飛的桌邊海景

著名的貝殼形迷你常溫蛋糕──瑪德蓮，以其形為靈感，將生蠔殼高溫殺菌後作為模具烤製，而其凹凸不均的形狀與原來貝殼的模具，皆是四周淺、中央高，造成麵糊厚薄不均的壓力差，而有中間突起的小肚子，不失瑪德蓮最經典的特色。整體以生蠔殼為石，鮮奶油為浪，香草化身海藻，而盛裝白酒的玻璃高腳杯便是燈塔，既是仿擬海景，也是奢華大餐的享受。

器 皿

材 料

A   瑪德蓮

B   鮮奶油

C   奧地利皇家氣泡酒

D   薄荷葉

E   巴西利

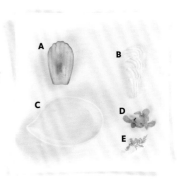

尼爾骨瓷白色長盤｜HOLA
玻璃高腳杯｜義大利進口   **生蠔殼**｜法國進口

此道甜點為模擬海邊景象，選擇似船的長盤、天然生蠔殼與燈塔狀高腳杯帶出最直覺的聯想，也相對的使用生蠔大餐中的器皿搭配，將海景帶回桌邊。

■ Step by step

步 驟

1

玻璃杯放在長盤的左側後，倒入奧地利皇家氣泡酒。

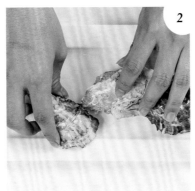

2

取三個生蠔殼，背面朝上，左右交錯成一線鋪放在長盤右側作為底部托高。

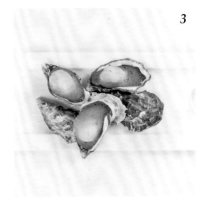

3

將三顆事先在生蠔殼中烤好的瑪德蓮，正面朝上左右堆疊於空生蠔殼上。

4

以聖歐諾黑形花嘴擠花袋，將鮮奶油擠在生蠔之間，就像波浪竄出噴濺上岸一般。

5

將巴西利、薄荷葉黏在鮮奶油上作為裝飾點綴。

Tips：使用聖歐諾黑形花嘴時，缺口要朝向對側並垂直於平面。

對角線延伸視覺亮點
鳳梨的多重變形增添層次

法文 Financiers（費南雪）即金融家之意，也是以其金磚造型聞名的法國常溫蛋糕，結合與費南雪同樣為長方金磚造型的台灣伴手禮——鳳梨酥，運用鳳梨本身的食材特性，做出帶有濕潤感的台灣在地鳳梨費南雪。透過大片鳳梨果乾為底，綴上鳳梨凍、鳳梨餡，以相同食材的不同形象，拉出對角線、層層堆疊傳達甜點的獨特口味，讓簡單的茶點開出太陽花，象徵在地的熱情與生命力。

● 鹽之華法國餐廳 — 黎俞君 廚藝總監

器 皿

長型白平盤 | 法國 LEGLE

長盤造型適合派對和宴會等以小點為主的場合，營造
精緻的感覺，也便於拿取。而其盤面帶有波紋增添低
調細緻的變化，搭配簡單樸實的鳳梨費南雪襯出鮮黃
的明亮與活力。

■ Ingredients

材 料

A 鳳梨費南雪
B 鳳梨餡
C 鳳梨乾
D 鳳梨果凍

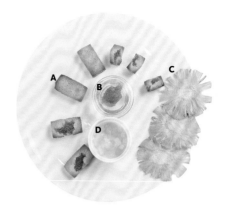

■ Step by step

步 驟

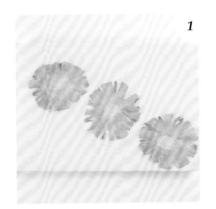

1

沿盤子對角線放上三片鳳梨乾。

2

於鳳梨乾分別各放上一個鳳梨費南雪。

3

於鳳梨費南雪放上數顆鳳梨果凍與些許
鳳梨餡。

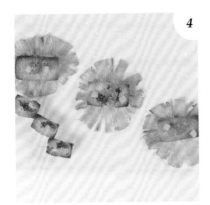

4

將一塊分切成三塊的鳳梨費南雪如階梯
狀放在盤面一角。

手繪可愛小樹
淡雅清新的春日生機

這道甜點描繪一株春日小樹，以榛果餅乾粉點染小樹枝幹，以珍珠糖小泡芙為果實，並以夏堇與羅勒果膠作為花葉。平整的淺綠圓盤可清楚展演小樹構圖，也將樹木的清新氣息烘托得更柔和寫意。為求盤面簡潔耐看，無須綴飾過多樹葉，只需點染幾片示意即可，事實上自然界的樹木，也多半於秋季落葉時結實。同理，花朵建議不要擺放超過兩種，以免畫面流於雜亂。

WUnique Pâtisserie 無二烘焙坊 ｜ 吳宗剛 主廚

器皿

材料

A 夏菫

B 榛果餅乾粉

C 羅勒果膠

D 珍珠糖小泡芙

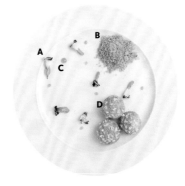

淺綠圓瓷盤 | 比利時 Pure Pascale Naessens - Serax

色澤淡雅淺綠的光滑圓盤，作為帶出「樹枝」主題的畫布，而其帶有手工感的質地，配上所有食材皆顯得溫柔清新。

步驟

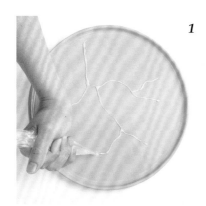

1

先用擠花袋以葡萄糖漿擠出一棵小樹的雛型，作為基礎畫盤。

2

以手指將葡萄糖漿抹勻，使樹幹線條變得粗而平整。

3

在盤內撒上榛果餅乾粉使其均勻黏著於糖漿上，倒淨多餘粉末，露出上色完畢的樹幹本體。

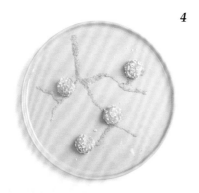

4

於樹梢擺上珍珠糖小泡芙，代表果實。

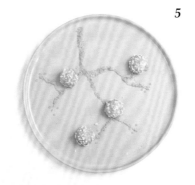

5

於樹梢用擠花袋點上幾滴蘿勒果膠，代表樹葉。

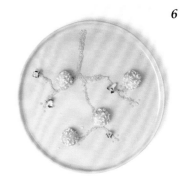

6

夾取夏菫置於有葉的枝椏處，完成盤飾。可將花朵豎立露出完整花形，以增加立體感。

Tips： 畫盤可視情況調整力道，如描繪樹幹需要較粗的線條，動作可稍慢而用力，畫樹枝時則可放輕力道。

搶眼的黑金組合
大量留白演繹優雅貴氣

將現烤酥脆泡芙及其他全部食材集中成直排，以黃金比例做分割大量留白，呈現自然美的平衡。每一個小巧的泡芙，覆蓋上黃澄澄、口感輕盈的番紅花奶油、淋上巧克力醬、綴上台灣街邊小點爆米香、大片金箔與昂貴的番紅花絲，獨特的配件妝點得既奢華也活潑，色彩上呈現醒目的黑與黃，整體展現出優雅貴氣的強烈氛圍。

Yellow Lemon | Andrea Bonaffini Chef

■ Plate
器皿

白色大圓盤 | 瑞典 RAK Porcelain

白色圓盤面積大而平坦，表面光滑適合當作畫布在上
面盡情揮灑，並能有大片留白帶出時尚、空間感。其
盤緣有高度能避免醬汁溢出。

■ Ingredients
材料

A	現烤泡芙
B	金箔
C	巧克力醬
D	番紅花
E	爆米香
F	番紅花奶油

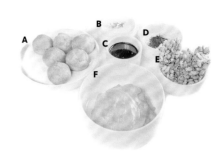

■ Step by step
步驟

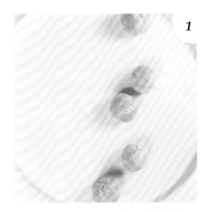

1

將五個填入巧克力醬餡的現烤泡芙以 M
型弧線放在盤子中間偏一側。

2

將一至二匙番紅花奶油覆蓋在每個泡芙
上，用噴射打火機噴一下使其融化。

3

弄碎爆米香後在每個泡芙上各黏一些。

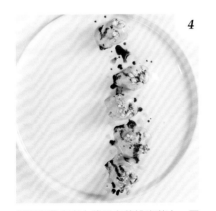

4

用鑷子將巧克力醬甩在整排泡芙上，再
用滴管將番紅花奶油滴在整排泡芙左
右。

5

番紅花絲用鑷子夾至泡芙上，再將金箔
綴飾在泡芙上即成。

Tips：1. 用鑷子夾醬甩，可以控制在少量，
避免不均勻。2. 以滴管吸取醬汁，可以控制
醬汁的量與圓形形狀。

Start Boulangerie 麵包坊 | Joshua Chef

黃粉畫盤明亮活潑
圓圓相扣穩定單邊留白

以單邊留白聚焦主體，圓形的泡芙與正方形的芒果丁圍成一個圈，
再覆上一片圓形的野草莓黑莓凍收束畫面，綴以三角構圖的巧克力
泡沫。底下的畫盤，亮黃色的焦糖醬和粉白色的草莓醬隨興交織成
長線條，拉開視覺長度，並點亮深紫色的野草莓黑莓凍。整體呈現
簡約明亮的風格，透過穩定的組成結構使單邊留白明確聚焦。

器 皿

白色圓盤｜一般餐具行

基本的白色圓盤面積大而小有弧度，表面光滑適合當
作畫布在上面盡情揮灑，並能有大片留白演繹時尚、
空間感。

材 料

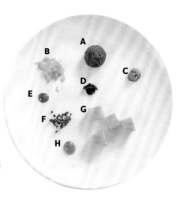

A 黑糖泡芙
B 芒果冰沙
C 鳳梨黑糖餡
D 野草莓黑莓凍
E 草莓醬
F 黑糖
G 芒果丁
H 焦糖醬（芒果、百香果）

步 驟

1

將以芒果和百香果熬煮而成的焦糖醬，
用匙尖在盤子的右半邊刮出一扁長的 S
型曲線。

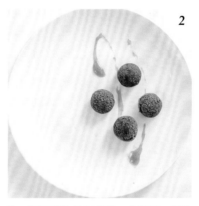

2

將四顆黑糖泡芙以菱形四角構圖，擺放
在焦糖醬線條中間。

3

泡芙與泡芙之間再各放上一個芒果丁，
形成雙色的圓圈。

4

用湯匙將草莓醬在每顆泡芙和左邊兩個
芒果丁上點一點，並圓圈右側以匙尖隨
興刮出一弧線。在泡芙與芒果丁圓圈中
間，以擠花袋將鳳梨黑糖餡料繞兩個
圈。

5

在鳳梨黑糖餡料上鋪芒果冰沙成丘狀。

6

將以野草莓與黑莓熬煮成的果凍圓片蓋
在泡芙與芒果丁圓圈上，再撒上幾粒黑
糖。最後以三角構圖放上巧克力泡沫。

Tips：巧克力泡沫使用均質機打發，在擺盤
時放上巧克力泡沫，可增加香氣、色彩。

晴光瀲灩
泡芙化身美麗天鵝

來自法國的傳統甜點，藉由對切泡芙改變造型而成的裝飾手法，變成優雅的天鵝，搭上有如湖水波動的盤子，由左上集中至右下的散開波紋，將天鵝墊高放在波紋集中處，再依照水波紋路放上零星碎柚子果凍和金箔，就有如閃著陽光的水面，畫面彷彿午後湖邊之景。而芒果、磅蛋糕、泡芙、柚子果凍四項主要為黃色系，溫暖明朗、自然躍動，綴上幾朵法國小菊、開心果碎和薄荷葉，簡單綠色裝飾就像掉落湖面的花草般，寧靜而自然，表現出天鵝優游的情境。

● Nakano 甜點沙龍 — 郭雨函 主廚

A 芒果	**E** 泡芙	**I** 磅蛋糕
B 柚子果凍	**F** 天鵝頭造型泡芙	**J** 開心果碎
C 法國小菊	**G** 鮮奶油	
D 金箔	**H** 薄荷葉	

白色螺旋淺盤｜中國 YAXING

具有螺旋紋的白色淺盤，由左上至右下一圈一圈散開，連同盤緣的不規則弧度，看起來恍若一片水中漣漪，搭配平滑晶亮的柚子果凍，營造波光粼粼感覺，讓天鵝泡芙優雅的在湖中划行。

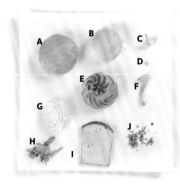

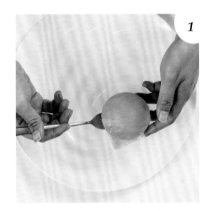

1

將切成正方形的磅蛋糕，擺在盤左上方，接著疊上圓柱狀芒果。

2

將泡芙底部擺在芒果上後擠入鮮奶油，後方收尾的部分可厚一些，使其具有往上升的效果。

3

切成四片翅膀的泡芙插在鮮奶油上，當作天鵝身體；最前方則插上事先做好的天鵝頭造型泡芙。

4

將柚子果凍切碎，依照盤子的波紋在天鵝泡芙前方隨意放上些許。

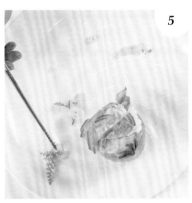

5

最後將法國小菊、薄荷葉、金箔隨意裝飾在柚子果凍上。

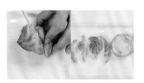

Tips：將泡芙上下對切後，上半部依紋路切成 4 片，插在鮮奶油上當作翅膀，前面兩片翅膀往上舉，後面兩片翅膀向後收攏包覆鮮奶油，便是一隻生動的天鵝了。

泡芙的花園奇想
大小圓點自由舞動

以覆盆子泡芙為中心，四周散落各個大小不同的圓點，隨意擺放、互相呼應，給人自由不受限的感受，既躍動也協調，再加上大膽鮮豔的猩紅與亮黃色，芒果片與覆盆子醬，高高低低、霧面鏡面，強烈碰撞出如夢的奇想。而主體覆盆子泡芙多層次堆疊，延伸圓的高度，以塑成圓的綠色開心果碎為底，對比色的搭配讓人印象深刻，小範圍聚焦引人注目。

香格里拉台北遠東國際大飯店─董錦婷 甜點主廚

器 皿

圓凹盤 | 日本 Fine Bone China Nicco

簡單常見的大圓盤，可以充分留白營造時尚感，而其下凹線條明顯有個性，再加上表面潔白光滑，燈光照下便會起聚光效果。與覆盆子泡芙造型相呼應，畫上的醬汁還能呈現鏡面效果。

材料

A 鮮奶油
B 覆盆子
C 芒果片
D 巧克力片
E 覆盆子泡芙
F 巧克力花
G 開心果碎
H 覆盆子醬

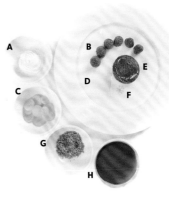

■ Step by step

步 驟

1

切下覆盆子泡芙上半的 1/3，用星形花嘴擠花袋將鮮奶油在泡芙內擠兩到三圈，再塞入一顆覆盆子。

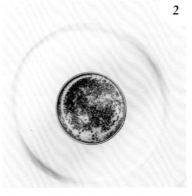

2

圓形中空模具放在盤子中央後，再倒入一層開心果碎。

3

將圓形中空模具拿開，再把步驟 **1** 的半圓泡芙放上。斜放上一片白巧克力，蓋上覆盆子泡芙的上半部，巧克力花綴於其上。

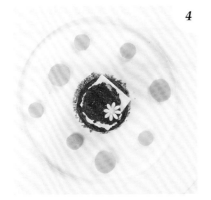

4

用大大小小的圓形模具將芒果裁成圓片後，隨興繞覆盆子泡芙一圈。

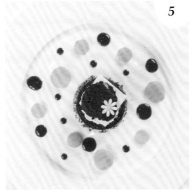

5

用擠花袋將覆盆子醬大大小小擠在芒果片之間。

華美胭脂與金色魅力
氣勢非凡的甜點之神聖諾黑

法國傳統甜點聖諾黑，以氣派華麗的外型為人所知，底座圓型脆餅象徵著皇冠，再一圈圈向上以泡芙和香堤奶油堆疊，就有如珍珠鑲飾一般，整體做工繁複存在感強烈、精緻而立體，因此選用金邊白盤襯托其氣質，周圍簡單以玫瑰花瓣、草莓片，再加上乾燥草莓粉灑落出艷紅般的熱情，四周的立體糖絲綻放光芒，奢華風采驚艷懾人。

鹽之華法國餐廳 — 黎俞君 廚藝總監

鑲邊白平盤 | 購自 LEGLE

為突顯聖諾黑的華美與艷麗,選用帶有放射狀金邊的白盤,以向內長長短短的線條聚焦主體,並搭配以紅為主的色調,營造明亮氣派的奢華感。

■ Ingredients
材料

A　糖絲
B　草莓
C　聖諾黑
D　乾燥草莓粉
E　玫瑰花瓣

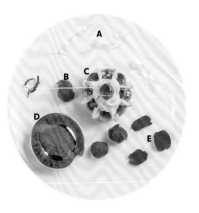

■ Step by step
步驟

將聖諾黑擺放在盤面一角。

以前、中、後偏斜的角度,放上三排立放並排的切片草莓。可利用夾子夾開草莓片成排。

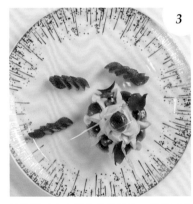

於聖諾黑上方插上幾根糖絲,並以三角構圖綴上玫瑰花瓣。

用篩子以湯匙輕敲,將乾燥草莓粉於草莓片上方與盤面撒上。

低矮甜點以器皿挑高
打造櫥窗式奢華派對

法國傳統小點閃電泡芙，Éclair意即閃電，音譯艾克力，是酥皮為底的長條狀泡芙，名字源於其美味得讓人吃得快如閃電。此道繽紛艾克力由四個較一般小巧的閃電泡芙組成，為突破其低矮的造型限制，使用倒放小酒杯挑高，並置入未去蒂的新鮮大草莓，營造櫥窗式的配置方法，予人迫切揭開的想望。整體以擺盤中最常見的基本構圖，將相同造型重複整齊的擺一直線，衍伸韻律感、帶出氣勢。以富質感的黑岩盤，加上散落一地的乾燥覆盆子，打造出一場奢華派對。

香格里拉台北遠東國際大飯店 — 董錦婷 甜點主廚

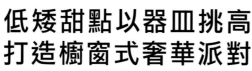

器 皿

小酒杯｜購自法國
長方岩盤｜阿拉伯 RAK Porcein Vavro

此道繽紛艾克力為四種不同顏色、口味的獨立甜點，因此選擇黑色岩盤，使能各顯其色，紅者更紅、黃者愈黃，而其長方造型適合盛裝派對小點。再搭配上倒立的法國小酒杯，顛覆一般使用的思考，利用其通透的特性以櫥窗式配置放入完整的草莓，藉以托高主體又不會因其大量出現造成過於沉重的負擔。

材料

A	覆盆子艾克力	**D**	芒果艾克力	**G**	乾燥覆盆子
B	綠茶艾克力	**E**	蛋白霜餅	**H**	珍珠米豆
C	巧克力艾克力	**F**	草莓	**I**	巧克力花

步 驟

1

將四顆新鮮草莓平均間隔放在岩盤上，再各自倒蓋上小酒杯。

2

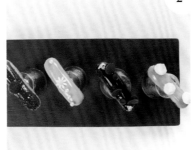

將綴有覆盆子的覆盆子艾克力、綴有珍珠米豆和巧克力花的綠茶艾克力、綴有金箔的巧克力艾克力，及綴有蛋白霜餅的芒果艾克力依序以 30 度角斜放在酒杯杯底上。

3

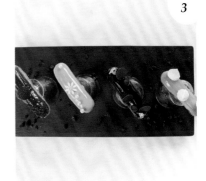

用手將乾燥覆盆子捏碎，隨意灑在岩盤上即完成。

鹽之華法國餐廳 — 黎俞君 廚藝總監

小圓餅當樂高
疊出童趣雙輪車

荷蘭餅造型扁平、小巧，直接鋪放會顯得單調、沒有層次，因此利用黑糖為黏著劑，荷蘭餅當樂高，拼疊出精緻可愛的雙輪車體。而整體色調以棕、黃、紅三種甜美、溫暖的色彩，再加上星星圖案的造型巧克力片，簡單的荷蘭餅搖身一變童趣十足的小車子，讓人把玩手中，愛不釋口。

器 皿

白色大深盤 | 法國 schonwald

此白盤中間有方形凹槽，恰巧能盛裝荷蘭餅疊成的雙
輪車身，而其外緣圓、內緣方的造型，與荷蘭餅的小
圓型拼合出活潑的俏皮感，簡單中充滿趣味巧思。

材料

- **A** 覆盆子
- **B** 芒果雪貝
- **C** 黑糖醬
- **D** 荷蘭餅
- **E** 巧克力片荷蘭餅

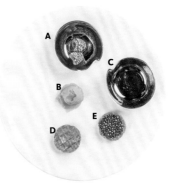

■ Step by step

步 驟

1

在荷蘭餅底部沾加熱的黑糖醬，兩片平
行立黏在盤中間。

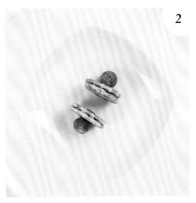

2

於兩片荷蘭餅外側各放上一顆覆盆子，
作為輪子。

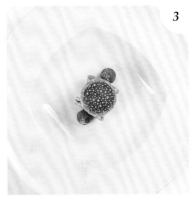

3

將巧克力片荷蘭餅平放在兩片立起的荷
蘭餅上，作為車頂。

4

在荷蘭餅塔的一側平放上一片荷蘭餅，
再挖一球芒果雪貝疊上。

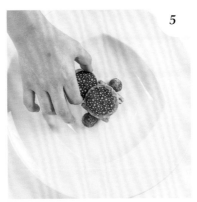

5

將一片巧克力片平放在芒果雪貝上。

Tips：1. 步驟 *1* 中黏著用的黑糖醬會因冷卻
而凝固，擺盤時動作要快，否則需不斷加熱
黑糖醬，影響出餐速度。2. 巧克力片上的星
星花紋為利用轉印貼紙的簡單技巧完成，可
以於烘焙專門店購買各式各樣花紋的轉印紙，
創造不同風格的裝飾巧克力。

鹽之華法國餐廳 — 黎俞君 廚藝總監

黑與白 方與圓
極簡的深度滋味

義大利杏仁餅是北義大利非常傳統的小點心，流傳年份已不可考。選用西西里進口的甜杏仁，加上精確掌控濕度、溫度和每個細節的功力，才能完成一小片具有深度與厚度的杏仁餅，除了濃縮了杏仁的精華，也凝集了主廚深厚的廚藝，因此以極簡的盤飾設計，黑盤與白餅的強烈對比，放在沉穩的黑色岩盤，撒一片細緻糖粉，內斂得餘韻無窮。

器 皿

材 料

A　義大利杏仁餅
B　糖粉
C　巧克力餡

黑色長方岩盤 │ ZEHER

為襯托義大利杏仁餅的顏色與型體，選用黑平盤做出色彩上的對比，一黑一白，一平面一立體，讓小圓餅的存在更為明確有分量。帶有自然素材感的玄武岩材質，為簡單的杏仁餅增添溫暖樸實的氣息。

步 驟

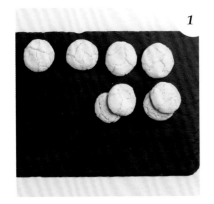

1

將四枚單片的義大利杏仁餅等距擺放在盤中上方，再於其下方放上在四片兩兩相疊預作變化造型。

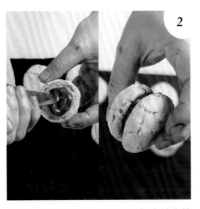

2

用擠花袋將巧克力餡擠在預作造型的其中一片義大利杏仁餅，再兩兩相黏。

3

將步驟 2 完成的其中一組義大利杏仁餅放在盤子正中間。

4

接續步驟 3，將置於正中央的義大利杏仁餅以篩網撒上糖粉，約超出杏仁餅外圍一圈。

手工質感器皿與單顆精巧小點
一期一會的自然獻禮

改變台灣知名茶點鳳梨酥一般常見的長方造型,法式鳳梨酥以更小巧的圓形登場,搭配暗示其味的新鮮鳳梨,塑成同形,一薄一厚彼此交疊,給人相遇、彼此牽絆的視覺印象,搭配東方意味濃厚的手工荷葉金屬小碟,底部設計腳架撐高,恍若雙手仔仔細細奉上凝集一切誠心的小點,一期一會的相逢更加珍視。

德朗餐廳 ─ 李俊儀 甜點副主廚

器皿

材料

A 法式鳳梨酥
B 鳳梨

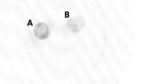

荷葉型金屬小碟 │ 日本工藝家特別訂製

荷葉造型的小器皿具有東方意象，金屬質地與手工線
條透顯高度質感，搭配台灣的道地茶點——鳳梨酥，
深色系襯托鳳梨明亮的黃色，提升其精緻度。

步驟

1

用抹刀取一顆法式鳳梨酥放在小碟子左
側。

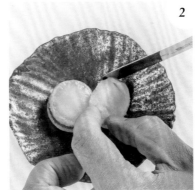

2

再用抹刀將切成與法式鳳梨酥相同造型
的新鮮鳳梨，斜靠在法式鳳梨酥上。

德朗餐廳—李俊儀 甜點副主廚

塔立方的點線面
質感簡約的線性美學

體積迷你的小茶點——茴香巧克力塔，收放之間要如何
拿捏，過多裝飾顯得繁複刻意，過少又顯得單調無聊，
此道甜點選擇與其造型相同的方形平盤，錫質表面呈現
灰棕色，與茴香巧克力塔雖同為暗色系，卻以霧面金屬
光澤做出差異性，立放並綴上銀箔拉高視覺，讓層次感
一躍而出，再以原料之一的可可碎豆以對角線撒落，延
伸畫面、聚焦主體，簡單中透露不平凡的線性美學。

器 皿

材料

A　巧克力塔
B　可可碎豆

皮革與錫質平盤｜日本工藝家特別訂製

以皮革搭配錫質的正方小盤，質感溫潤、色調獨特，
適合盛放精緻小巧的茶點，也呼應了茴香巧克力塔方
正的外形，彼此襯托展現工藝美學。

步 驟

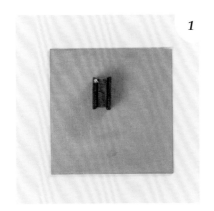

1

將巧克力塔立放在盤面左上。

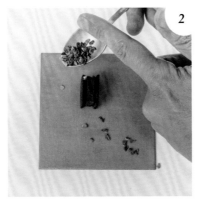

2

將可可碎豆沿著對角線撒上，可用手指
輕敲湯匙以控制撒上盤面的分量，避免
顯得厚重。

黑白、冷熱、苦甜、平滑與粗糙
包藏強烈對比的魔術小點

巧克力榛果醬塑成圓形盛裝在大盤中,黏滿糖炒榛果,再用巧克
力沙包覆,疊上夾有白巧克力半凍糕餡的 Oreo 餅乾,堆疊成丘,
最後披上巧克力伯爵茶慕斯藏起全部食材,表面如光滑的絲綢,
大大的盤子上只有一個焦點,展現簡潔俐落的樣貌,卻也讓人摸
不著頭緒,一挖下便是甜苦、冷熱、沙狀與絲滑並存,像是揭開
一場猜不透的小小魔術秀。

● Yellow Lemon | Andrea Bonaffini Chef

A 巧克力榛果醬
B 糖炒榛果
C 巧克力餅乾
D 海鹽
E 巧克力伯爵茶慕斯
F 巧克力沙

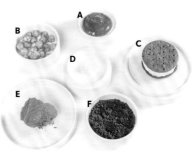

白圓盤 | 瑞典 RAK Porcelain

大盤緣予以清新、時尚簡約之感，將主角放在小小的
凹槽中，大小對比之下，有強烈聚焦效果。

■ Step by step ──────────────
步驟

1

挖一匙巧克力榛果醬至盤中央。

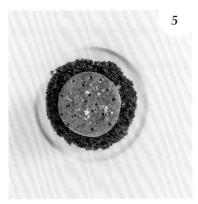

2

糖炒榛果黏滿巧克力榛果醬。

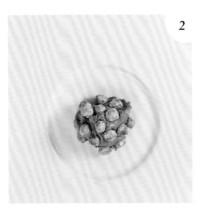

3

巧克力沙一匙匙覆蓋巧克力榛果醬成小
山丘狀。

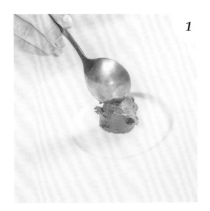

4

巧克力餅乾平放在巧克力沙堆上。

5

在巧克力餅乾上撒上一些海鹽。

6

用氮氣瓶把巧克力伯爵茶慕斯擠在巧克
力餅乾上，至完全覆蓋後向上輕拉成水
滴狀。

餅
乾　Sable with caramelized pineapple
and pina colada sorbet
焦糖鳳梨花生酥餅佐椰香雪貝

大方展演甜點元素
流露南國熱情的甜美小點

焦糖鳳梨醬搭配花生酥餅展現濃郁粗獷的熱帶風
情，而點綴覆盆子，則可使原本偏暗沉大地色調
的盤面瞬時提亮，充滿嬌豔的生命力。於酥餅上
疊加巧克力蛋糕、焦糖鳳梨、覆盆子等多重、小
巧的元素，使口感與畫面繽紛立體，再選用較具
分量的大尺寸相同配料一一擺上盤面，使擺盤趣
致大方，豐富卻不流於雜亂。

Angelo Aglianó Restaurant｜Angelo Aglianó Chef

器皿

白瓷圓平盤 | 購自陶雅

簡單潔白的圓平盤,是便於盛裝蛋糕、塔類與餅乾的經典食器款式。

材料

A	焦糖鳳梨丁
B	方塊酥餅
C	巧克力蛋糕
D	覆盆子
E	薄荷葉
F	榛果粉
G	花生酥餅
H	椰子蘭姆奶油
I	椰香雪貝
J	鳳梨醬

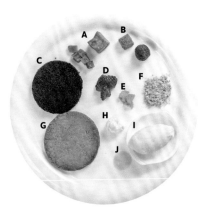

■ Step by step
步驟

1

於盤中以擠花袋擠上一小球椰子蘭姆奶油預作固定,擺上花生酥餅,再擠一小球奶油,疊放巧克力蛋糕。

2

夾取鳳梨丁,擺滿巧克力蛋糕表面。

3

於鳳梨丁空隙用擠花袋以點狀擠上椰子蘭姆奶油,使鳳梨丁與奶油如棋盤格交錯佈滿蛋糕表面。

4

於鳳梨丁表面將切成角狀的覆盆子交疊成圈,再將薄荷葉以三角構圖放上,增加立體度。覆盆子切面朝上。

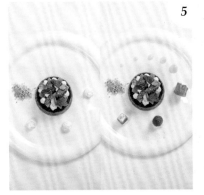
5

於花生酥餅側邊擺上一些榛果粉,再沿周邊擠上數球奶油,並擺放方塊酥餅、焦糖鳳梨丁、覆盆子,最後擠上由大至小的三滴鳳梨醬,整體繞主體成圈。

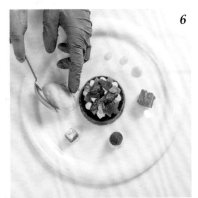
6

挖椰香雪貝成橄欖球狀置於榛果粉上。

極簡點線╳飽和色塊
來自抽象符碼的詩意想像

構圖概念來自於西班牙超現實主義畫家米羅的作品〈藍色二號〉。〈藍色二號〉以大片飽和的藍色為底，畫上一條粗曠的紅線與十二個大小不一的黑色圓點，引人投身極簡符碼，恣意解放在藍色夢幻中。因此採用米羅作畫時最常用到的五種顏色：紅、藍、綠、黃、黑之中的綠與黑，黑盤為底，達克瓦茲餅為線、香草冰淇淋與鮮奶油為點，濃厚的酪梨醬以粗獷的筆觸定出視覺焦點，透過三角構圖營造生命的律動感，洗鍊的畫面予人童稚的詩意想像。

器皿

材料

A　香草冰淇淋

B　鮮奶油

C　達克瓦茲餅內夾烤布蕾

D　酪梨醬

黑色褐紋圓盤 │ 個人收藏

深色而有光澤的圓盤，中間刻有一塊褐色線條，呼應
本道盤飾概念米羅的〈藍色二號〉，以點線與飽和色
彩構成，並襯托明亮、淺色系的食材。

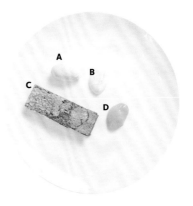

步驟

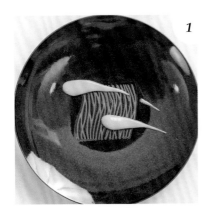

1

將酪梨醬用湯匙在盤子中間與中間偏上
的地方，滴畫出兩道流星般的線條。

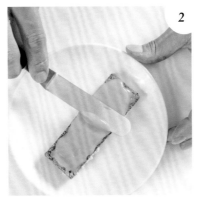

2

用抹刀將酪梨醬均勻於達克瓦茲餅上塗
上厚厚一層。

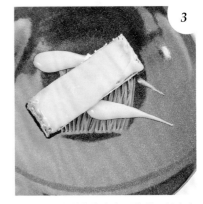

3

將已塗上酪梨醬的達克瓦茲餅，以右上
左下的 60 度角擺放在兩條酪梨醬畫盤
中間。

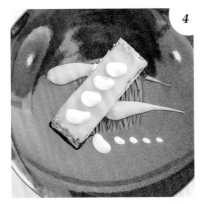

4

用抹刀沾鮮奶油在達克瓦茲餅上點上四
個有高度的半月形。再與達克瓦茲餅呈
60 度的直線，由左至右、由大到小點
上五點鮮奶油。

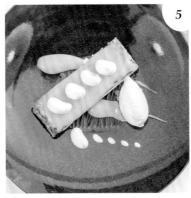

5

湯匙挖香草冰淇淋成橄欖球狀，與達克
瓦茲餅和五點鮮奶油合成一個正三角
形。

維多麗亞酒店 | Marco Lotito Chef

同心弧線烘托出視覺焦點
打開康諾利改變教父最愛

曾出現在電影《教父》中的香炸奶油卷(Cannoli),是西西里最具代表性的甜點之一,在義大利屬於每個家庭都有的家常甜點,以麵粉、蛋、可可粉和馬薩拉酒炸成酥酥脆脆的卷皮,再填入瑞可塔起司(Ricotta Cheese)則是最經典的搭配。而此道「改變教父最愛」重新詮釋了康諾利,將外皮以烘烤的方式成餅狀,層層疊疊夾入瑞可塔起司,佐以台灣在地食材——芒果和火龍果,恣意以圖為核心畫出金黃色弧線,襯亮主體較暗沉的色彩、托出視覺焦點,而其他食材也同樣平均地繞圓創造簡單的韻律感,看見傳統甜點的新樣貌。

器皿

材料

A 瑞可塔起司 (Ricotta Cheese)	**E** 烘乾草莓片
B 紫蘇葉	**F** 煎餅
C 芒果醬	**G** 杏仁脆片
D 玉米片	**H** 火龍果凍

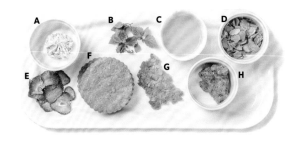

白圓盤 | 日本 Narumi

表面平坦的圓盤能使擺盤不受侷限，如一張大畫布，適合隨興創作、畫盤。無盤緣的平盤則能帶出簡單俐落的現代感，與主體造型相呼應。

步驟

1

用湯匙將芒果醬快速而隨興地在盤中刮滿弧型線條。線條方向盡量朝向圓心。

2

將煎餅置於圓盤中央，並用擠花袋將瑞可塔起司醬擠在煎餅上，重複往上疊三次。

3

將杏仁脆片橫插在最上面一層瑞可塔起司醬上。

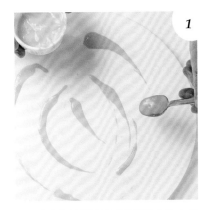

4

將三小株紫蘇葉以三角構圖放在煎餅外圍。

5

在甜餡煎餅外圍、三小株紫蘇葉內圈，用擠花袋將火龍果凍點上一圈。

6

在紫蘇葉與火龍果凍之間，放上些許些烘乾草莓片和玉米片便完成。

恣意刁一根西西里康諾利
透明盤面上的甜蜜武器

西西里的經典甜點,長條造型為義大利當地歷久不衰的家常手拿小點,將常見捲起的奶油油炸外皮,改變為麵包狀烘烤成一圈一圈如菸捲般,放在如煙灰缸的透明盤面,一長一短隨興散落,一排草莓片是燒紅的火,向上繚繞一圈白巧克煙,開心果則是捻熄的痕跡,電影《教父》的殺手行兇後仍未忘記帶走的美味,恣意抽一口西西里康諾利,咬下的滿是甜蜜。

鹽之華法國餐廳—黎俞君 廚藝總監

器 皿

材 料

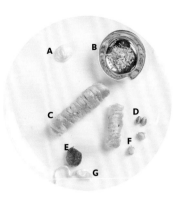

A 開心果起司醬
B 開心果碎粒
C 西西里康諾利
D 開心果
E 草莓
F 食用花
G 糖絲

五角型透明盤 │ 購自國外

透明盤面予人不拘、自由與輕盈透亮的視覺感受，再加上不規則的五角造型，打破傳統盤面造型的思維，富強烈性格，盛裝西西里傳統手拿小點，更能彰顯現其焦糖表面光澤，營造輕鬆隨興的氛圍。

步 驟

1

用擠花袋將開心果起司醬擠入西西里康諾利裡，再於其兩端沾上開心果碎粒。

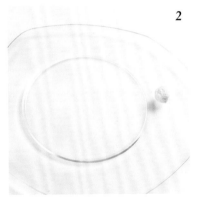

2

用擠花袋將開心果起司醬在盤緣擠上一小球。

3

於開心果起司醬旁擺上並排的切片草莓，並在其上方綴上糖絲。

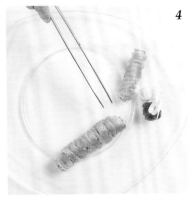

4

將步驟 *1* 完成的西西里康諾利，依食器的不規則邊角平行擺放。

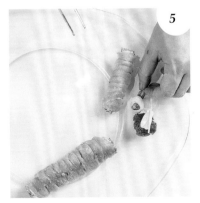

5

將開心果黏在開心果起司醬上裝飾。

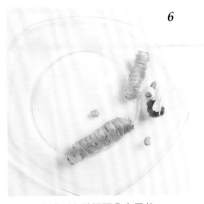

6

西西里康諾利旁點綴兩朵食用花。

康
諾
利

Cannoli with ricotta cheese and
chocolate ice cream
傳統西西里島脆餅捲佐巧克力冰淇淋

Angelo Aglianó Restaurant | Angelo Aglianó Chef

香酥濃郁的義大利家常小點

電影《教父》中黑手黨大哥念念不忘的家鄉美
點，就是這道來自西西里島的康諾利。義式風格
擺盤概念崇尚簡單，致力呈現香炸奶油捲主體，
留下略經修飾的空曠盤面即可。傳統吃法多將瑞
可塔起司內餡填入香炸奶油捲後直接食用，在此
為使擺盤更慎重、美觀，則選用櫻桃片、鳳梨
丁、開心果碎等色彩繽紛的果物點綴香炸奶油捲
的兩端，並撒灑開心果碎點綴盤面與提味。

器皿

材料

A 瑞可塔 (Ricotta Cheese)
B 櫻桃片
C 開心果碎
D 鳳梨丁
E 西西里香炸奶油捲
F 巧克力冰淇淋

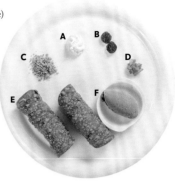

白瓷造型方盤│購自陶雅

平整的方盤適合盛裝香炸奶油捲等所需面積較大的食物，盤側的特殊捲褶造型則與香炸奶油捲輝映成趣。

步驟

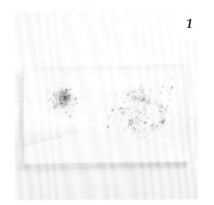

1

抓取開心果碎，於方盤細細撒灑。一側面積小而集中，用以固著冰淇淋；一側面積大而稀疏，用以放置香炸奶油捲。

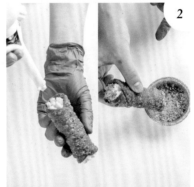

2

於西西里香炸奶油捲中填充奶油，再於香炸奶油捲兩端沾取開心果碎。

3

綴飾櫻桃片、鳳梨丁，完成香炸奶油捲本體裝飾。以指尖輕彈篩網邊緣，於香炸奶油捲表面灑上糖粉。

4

於大面積開心果碎上擠一小球奶油固定，擺上香炸奶油捲。

5

於另一邊開心果碎上擺放整成橄欖球狀的巧克力冰淇淋。

方形黑盤框景下的
落英繽紛與一把和扇

此道巴黎的平民美食可麗餅，以黑方盤襯出不同於一般的東方美。
黑色方形平盤的細邊框就有如古典園林構景手法之一，利用窗的框
架或者門洞，將窗外的風景嵌入，有效的聚焦視覺，而扁平的可麗
餅做出折扇狀與簡單富速度感的畫盤線條與綴飾，創造空靈的、流
動的畫面。整體皆以對稱、三角構圖，將黑盤擺為菱形，分為上
下兩部分，使畫面穩定、平衡，再加上簡單的自然色調，薄荷覆盆
子、開心果碎和藍莓，就如同一幅令人屏息的美麗景緻。

L' ATELIER de Joël Robuchon à Taipei ｜ 高橋和久 甜點主廚

器皿

黑色方盤 | 購自日本

存在感強烈的方盤，如畫紙一般，需要仔細思量空間配置和與食材造型的關係，特別是沒有幾乎盤緣的平盤，面積大，適合畫盤創作。此方盤為黑色，能夠強烈襯托出主體可麗餅的明度，以及其他紅綠對比色的食材。另外，可麗餅為薄薄的平面，使用大平盤方便分切、食用。

材料

A 可麗餅
B 杏仁角
C 起司醬
D 藍莓
E 薄荷葉
F 香緹鮮奶油
G 香草布蕾醬
H 覆盆子
I 開心果粉
J 乳酪冰淇淋
K 酥菠蘿
L 藍莓果醬
M 檸檬奶油醬

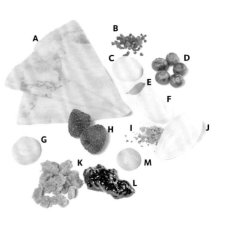

步驟

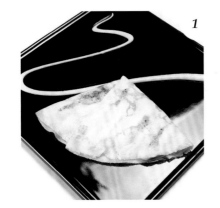

1

盤子角度擺成菱形，將香草布蕾醬以擠花袋，在盤子中下半部畫出彎曲、有速度感的線條。再將已擠入起司醬、檸檬奶油醬、藍莓果醬及酥菠蘿為餡料的可麗餅，對折再對折成交錯扇形，開口朝上，擺在彎曲線條的正上方。

2

藍莓果醬順著彎曲線條，湯匙垂直拿綴在線條上，再挖一小球香緹鮮奶油，緊靠在可麗餅底端右側。

3

順著彎曲線條，以三角構圖撒上少許杏仁角和開心果粉。

4

覆盆子切半，切面朝上放在杏仁角和開心果粉構成的三角的其中兩點，接著在三個點各擺一顆藍莓，最後將薄荷葉放在右側的點上。

5

在香緹鮮奶油右側，撒一點酥菠蘿作為固定用，再以湯匙挖乳酪冰淇淋成橄欖球狀，斜擺在酥菠蘿上。

Tips：固定冰淇淋的酥菠蘿，也可以用脆片或其他粗糙面的食材代替，但為使口味一致，通常會採用已使用到的食材，如內餡的酥菠蘿。

漩渦線條引領視線
追逐夢幻粉桃飛蝶

主體法式薄餅造型扁平,因此透過食材堆疊創造立體感,搭配內深外寬闊的白盤,以輕盈透明的粉色細線,綴上精巧如蝶的美女櫻,一圈一圈如夢似幻帶領視線來到亮眼的法式香橙薄餅,橘黃、粉桃兩色表現暖春的花園色彩,為酸酸的香橙注入一絲甜蜜氛圍。

北投老爺酒店 — 陳之穎 集團顧問兼主廚

北投老爺酒店 — 李宜蓉 西點師傅

器 皿

材料

A 美女櫻
B 焦糖柳橙
C 薄荷葉
D 香草冰淇淋
E 法式薄餅
F 糖漬柳橙皮
G 覆盆子果醬

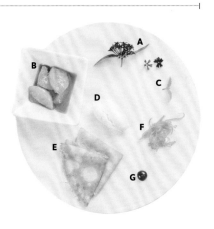

白色飛碟盤 | 英國 STEELITE

如飛碟般的白色圓盤，大面積盤緣向下、向外擴展，
透過明亮色彩畫盤拉提視覺，使其輕盈；中間則為有
深度的凹槽，適合盛裝有醬汁的食材，避免溢出。

■ Step by step

步 驟

1

將盤子置於轉檯上，一手旋轉，另一手
擠覆盆子果醬於盤緣畫成三圈細線。

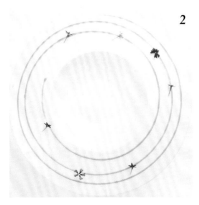

2

將各色美女櫻交錯黏著在覆盆子果醬的
線條上。

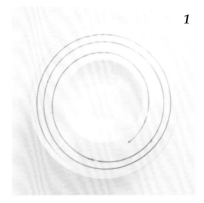

3

將兩片法式薄餅對折再對折成扇形，平
行交疊於盤中央。

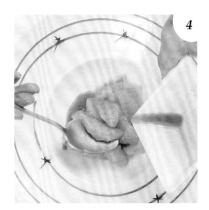

4

數片焦糖柳橙隨意疊在兩片薄餅上，並
淋上焦糖柳橙的熬煮醬汁。

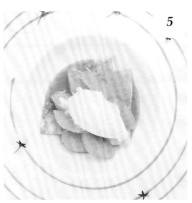

5

挖香草冰淇淋成橄欖球狀，斜斜疊放在
焦糖柳橙上。

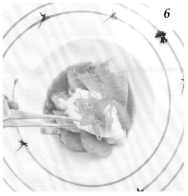

6

將糖漬柳橙皮疊放在香草冰淇淋上，在
綴飾一小株薄荷葉。

投擲刀叉
凌空模擬趣味框景

Rhapsody，狂想曲，想像食用甜點時刀叉飛向盤內的畫面，是服務生一手投擲，客人閃躲，主廚腦內閃過的狂想，將原在盤外的餐具置入盤中，實踐有如電影畫面般的想像。簡單的切片千層可麗餅與冰淇淋，利用餐具和糖片，稜稜角角個性十足，做出凌空的效果挑高視覺，前方留白給予冰淇淋融化流瀉與分切的空間，享受拔下刀叉、折斷糖片的趣味。

● Nakano 甜點沙龍 ─ 郭雨函 主廚

器 皿

材 料

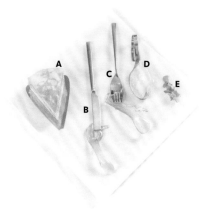

A 千層可麗餅
B 糖片結合刀子
C 糖片結合叉子
D 牛奶冰淇淋
E 薄荷葉

白色正方盤 | 一般餐具行

在計算刀叉高度後，選擇盤面較大的盤子，讓畫面不致頭重腳輕，產生擁擠、不協調感，而為了配合運用糖片盤飾，平坦的底部易於黏著固定。以純白突顯主題；方形帶來俐落、個性與存在感，框住這番奇想。

步 驟

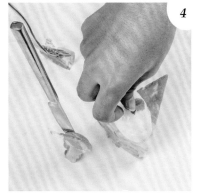

1

將千層可麗餅擺放盤中靠左上角的位置，三角尖端朝與對角線平行，讓食用者能看到蛋糕體的剖面紋理。

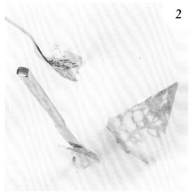

2

兩個糖片的底部以噴射打火機火燒融，刀子造型的黏在千層可麗餅後方，叉子造型的黏在盤中靠右上角的位置。

3

以湯匙挖牛奶冰淇淋成橄欖球狀，擺在千層可麗餅上面。冰淇淋會隨時間融化流瀉至盤面，延伸視覺。

4

最後在牛奶冰淇淋表面裝飾一小株薄荷葉。

Tips：結合糖片的刀叉需等待凝固要事先完成，而由於鐵製的餐具重量較重，因此要用較厚的糖片來支撐，黏上盤固定的時間也相對較長。

左右集中單邊破格
圓形布里歐修的完美相遇

將傳統法國奶油麵包布里歐修，從常見帶小頭或者圓邊方形的樣貌
變為完美的立體球形，外邊再半裹上焦糖，整體結構圍繞在圓形，
圓盤中兩個圓形集中在中間，其中一邊透過堆疊、粉末做出破格的
效果，不完全以左右呈現，而是帶點斜度的擺盤方式，左上高而集
中右下低而散落，前後高低讓整個盤飾能夠清楚被看到。亮橘色
布里歐修、紫紅色無花果、丁香色的酸模花三者色調和諧明
亮而溫暖。

MUME │ Kai Ward Head Chef

器皿

材料

A 無花果葉冰淇淋	**D** 核桃	**G** 焦糖無花果
B 焦糖布里歐修	**E** 無花果糖漿	**H** 酸模花
C 無花果葉粉	**F** 無花果果醬	

米白圓瓷平盤 | 一般餐具行

因此道甜點使用了無花果、焦糖等深色食材,故選用淺色的米白圓盤,讓主題更聚焦。而其霧面質感及圓形平坦的盤面則讓整個盤飾更具時髦感。

步驟

1

焦糖布里歐修放中間偏左的位置,右下側撒數顆核桃,再以湯匙挖無花果葉冰淇淋成橄欖球狀,正擺在核桃上,以湯匙背面輕壓,讓冰淇淋表面形成凹槽提供無花果一個擺放的空間。

2

切成角狀的焦糖無花果和無花果果醬平均分布在冰淇淋上凹槽和外緣。

3

用小湯匙隨意將無花果糖漿淋在無花果葉冰淇淋表面。

4

無花果葉粉堆放在無花果葉冰淇淋左下側,並用手指撥下些許到盤面上,使整體線條做出破格的效果。

5

最後用鑷子夾丁香色的酸模花兩三朵,點綴在無花果葉冰淇淋上。

Tips:因為盤子為光滑面,所以將核桃放在無花果葉冰淇淋底下,除了讓口味多元化,同時具有止滑的效果。

● Yellow Lemon ｜ Andrea Bonaffini Chef

視線集中、拉高
立體精緻的早餐創意模仿秀

陪伴我們無數早晨，印象中的經典英式早餐必備：煎培根、烤吐司、炒蛋，再沾上番茄醬，美好早晨就此開始，睡過頭了沒關係，此道BK(BreakFast)全天候供應！充滿奶香味的手作布里歐修，從常見帶小頭或圓邊方形變為對半切的吐司狀，香甜草莓醬顏色深如番茄醬，培根冰淇淋冰涼鹹甜交錯，又有著炒蛋的外型，香草楓糖片則是如肉一般的培根片。整體由低至高往上堆疊、拉高視線，造型立體而精緻，似真似假讓人摸不著頭緒的味覺、視覺雙重感受，平常的早餐變為一場令人驚豔的模仿秀！

器皿

白圓盤 | 瑞典 RAK Porcelain

選擇似早午餐或者飯店常見的白圓盤,盛裝仿擬美式
早餐造型,有著大盤緣予以清新、時尚簡約之感,將
主角放在小小的凹槽中,大小對比之下,有強烈聚焦
效果。

■ Ingredients
材料

A 香草楓糖培根片
B 草莓蕃茄醬
C 布里歐修
D 培根蛋冰淇淋

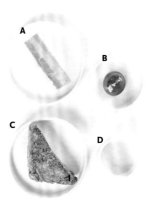

■ Step by step
步驟

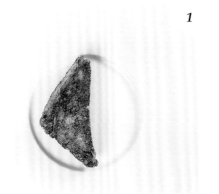

1

將布里歐修放在盤子凹槽左半側。

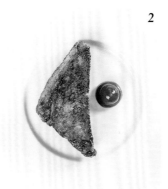

2

用擠罐在盤子凹槽右半側中央處擠蕃茄
草莓醬成水滴狀。

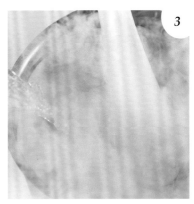

3

用液態氮將培根蛋冰淇淋急速降溫。

4

用湯匙挖一塊培根蛋冰淇淋放在布里歐
修上。

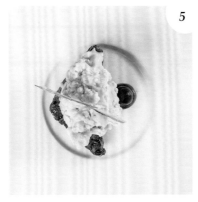

5

將香草楓糖培根片斜插在培根蛋冰淇淋
上。最後再用液態氮定型便完成。

Tips:為了讓冰淇淋呈膨鬆狀,倒入液態氮
時需不斷攪拌。

春神降臨　花的姿態
盒裝草坪為盤的創意發想

整道甜點以花作為素材：接骨木酒、玫瑰與各色石竹花。接骨木花作為基底醬料主要成分，玫瑰醬填入接骨木花醬凹槽中，以白巧克力片作支撐與分隔，上面再插滿屬於春天且味道濃甜的紅色、紫色、粉色新鮮石竹花，再以壓克力盒裝草坪為盤，遠遠看去彷彿街邊一角，透露春天來臨的消息，巧妙運用天然元素的組合，自然對比色彼此襯托，成為充滿生命力的視覺焦點。

Yellow Lemon | Andrea Bonaffini Chef

器 皿

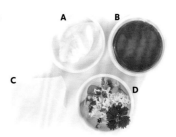

材 料

A 聖杰曼接骨木花醬

B 玫瑰醬

C 白巧克力片

D 石竹花

草坪壓克力盒 │ 特別訂做

將人造塑膠草坪放入壓克力盒中,透明盒子既能展現草坪完整的樣貌,又能保持甜點的乾淨俐落不至到處沾染。創意十足的組合,適合用來盛裝自然風的食材,營造天然景緻。

步 驟

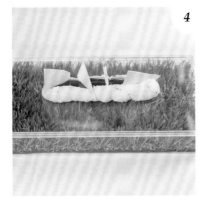

用擠花袋將聖杰曼接骨木花醬擠一條在草坪壓克力盒中線。

用抹刀將聖杰曼接骨木花醬推出一條凹槽。

在聖杰曼接骨木花醬的凹槽中填入玫瑰醬。

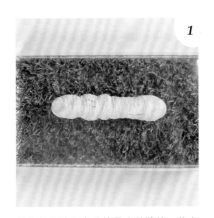

取四片白巧克力片成不規則狀,以不同角度平均插在聖杰曼接骨木花醬上。

將各色石竹花一朵一朵插滿聖杰曼接骨木花醬表面及縫隙。前後左右都要插滿。

醬汁打造綠草皮
自然散落出璀璨繁美花海

以花園為發想，大片平坦的草綠上開出繁花點點，因此
選用平坦深圓盤鋪上一層濃郁抹茶醬汁，仿造出草皮的
樣貌，再以平均散落的點狀擺放方式，彼此以圓形呼應
又相互交錯，讓食材如同草皮裡冒出的青春枝芽，自然
而有活力，也傳達甜豆與麻糬純粹天然的味覺感受。

北投老爺酒店 — 陳之穎 集團顧問兼主廚

北投老爺酒店 — 李宜蓉 西點師傅

器 皿

白色深圓盤 │ SERAX

為營造草皮花海，選擇白色深圓盤，圓盤平坦、表面光滑適合當作畫布在上面盡情揮灑、鋪上底色。其盤緣有高度則能避免大量的醬汁溢出。

材料

A 繁星	**E** 紅豆	**I** 雪蓮子
B 麻糬	**F** 甜紅菜根	**J** 花豆
C 抹茶醬	**G** 香菜芽	
D 甜紅菜芽	**H** 大薏仁	

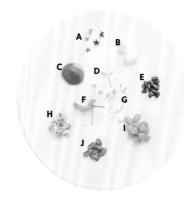

步 驟

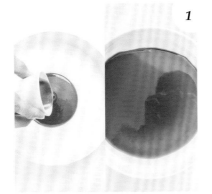

1

將抹茶醬淋於盤中央至約 10 公分寬，再以手掌輕拍盤底，使醬料平均薄薄一層展開鋪滿盤面。

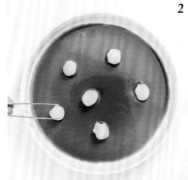

2

以鑷子夾取六顆麻糬平均放抹茶醬上。

3

用鑷子依序夾取花豆、雪蓮子、大薏仁、紅豆，平均交錯放在抹茶醬上。

4

用鑷子依序夾取甜紅菜根、甜紅菜芽、香菜芽、繁星，平均交錯綴於盤內。體積較大的花草的可倚靠麻糬或豆類等食材上，較小的繁星則可綴於抹茶醬上。

Tips：1. 使用抹茶醬鋪滿盤面時，以手心輕拍盤底，利用震動將醬汁自然填滿，並要特別注意醬汁不可太稀，避免抓不住材質表面，做不出漂亮打底盤色。**2.** 以鑷子夾取麻糬時，每夾一次可沾一次水，避免麻糬沾黏，維持其原貌。

北投老爺酒店　陳之穎　集團顧問兼主廚

北投老爺酒店　李宜蓉　西點師傅

情境式盤飾　密封罐與草皮
創造公園野餐的歡樂氛圍

透過情境想像的常用器皿與場地狀態，使用近日最時髦的week密封罐，盛裝各式各樣常溫小點心與冰涼奶酪，讓密封罐簡單擺在草皮上，放上一支木湯匙與掀開的蓋子，營造有如一行人正坐下準備開始野餐的歡樂氛圍。

器皿

密封罐 │ weck **草皮木盒** │ 特別訂製

為了讓甜點跟上流行趨勢，選用近來受歡迎的 weck
密封罐，搭配原是用於置物的木盒鋪上人造草皮，創
造宛如歐洲公園野餐的情境。

材料

A 美女櫻（紫）	F 薄荷葉	K 紅麴餅乾
B 瑪德蓮	G 奶酪	L 義大利脆餅
C 香蕉蛋糕	H 綜合堅果	M 巧克力餅乾
D 藍莓法式軟糖	I 美女櫻（紅）	
E 百香果法式軟糖	J 覆盆子棉花糖	

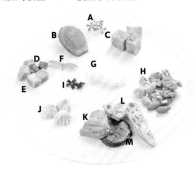

步驟

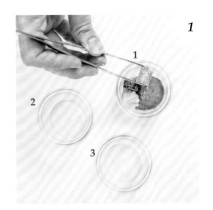

1

第 1 個密封罐依序放入瑪德蓮、覆盆子
棉花糖、藍莓法式軟糖及百香果法式軟
糖。

2

第 2 個在密封罐依序放入義大利脆餅、
紅麴餅乾、香蕉蛋糕。

3

接續步驟 *2*，第二個在密封罐最後平放
上一片巧克力餅乾。

4

第 3 個密封罐放入一塊奶酪，並於此密
封罐和第 1 個密封罐點綴美女櫻。再於
第 3 個密封放上一片薄荷葉為白色的奶
酪增添多樣色彩。

Tips： 擺放食材沒有特別限制，唯一要注意
的是，乾濕點心要分開盛放，避免影響彼此
的風味與口感。

● 北投老爺酒店 — 陳之穎 集團顧問兼主廚

北投老爺酒店 — 李宜蓉 西點師傅

玩心大發　每個都要嘗一口
三層式玻璃器皿盛裝多樣小點

為了提供下午茶更多元的樂趣，不同於英式下午茶盤華麗展
演，由下往上食用各式各樣精緻小點，選擇使用金字塔般的
三層式玻璃器皿，能享受拆解、組裝的樂趣，一邊食用一邊
把玩，自由搭配各種口味，擺放各種小點又不互相干擾味
覺，各自以對比色彩交錯盛放，透過透明玻璃觀看，引發動
手玩的小慾望。

器皿

三層錐形玻璃器皿 │ 購自俊興行

三層式大小各異的玻璃器皿,提供拆解組合、自由搭配的樂趣,滿足下午茶式的分享與淺嚐,而透明材質除了能提供色彩繽紛的甜點各自展演,也有著輕盈無負擔的視覺感受。

■ Ingredients

材料

A 奶酪
B 藍莓
C 芒果
D 薄荷葉
E 綜合莓果泥
F 覆盆子慕斯
G 古典巧克力蛋糕
H 美女櫻

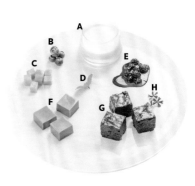

■ Step by step

步驟

1

奶酪直接製作於最小的玻璃器皿中至約1/3高,並淋上綜合莓果泥,點綴一小株薄荷葉。

2

將三塊覆盆子慕斯以三角構圖放入中型玻璃器皿中,各點綴點上美女櫻,並於空隙中放入三顆藍莓。

3

將三塊古典巧克力蛋糕以三角構圖放入大型玻璃器皿中,並於三個空隙中各堆疊兩個芒果丁。

4

最後將大、中、小三個玻璃器皿依序堆疊。

Plated Dessert
ICE
冰 品

天然食器
一體成型的清涼消暑

將椰子解構,把椰肉做成椰漿雪酪、椰奶冰沙。首先在椰殼內鋪入
糖漬龍眼和萊姆椰漿雪酪,重複兩層製造豐富的口感,接著再將椰
奶冰沙覆蓋在萊姆椰漿雪酪上面堆疊出層次,最後噴灑萊姆汁,上
桌時蓋上椰殼,翻開來就能聞到萊姆的香氣源於自然素材的食器,
富含特色的外型,簡單擺就能表達主題、製造驚喜。

器 皿

剖半椰子殼 | 購自台灣

椰子剖開後形成天然的碗狀凹槽，即為良好的盛器。
此盤飾甜點以椰汁為材，剩下的椰子殼拿來當容器，
讓主題明確有一致性，蓋起時外觀便是一顆完整新鮮
的椰子，頗富自然趣味。

■ Ingredients

材 料

A 萊姆汁
B 椰奶冰沙
C 萊姆皮
D 萊姆椰漿雪酪
E 糖漬龍眼

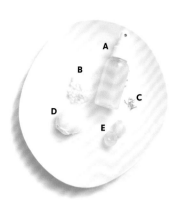

■ Step by step

步 驟

1

取數顆糖漬龍眼擺在椰子殼底。

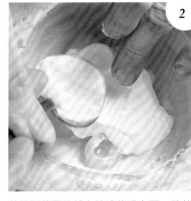

2

萊姆椰漿雪酪鋪在糖漬龍眼上面，將其
覆蓋之後，再用湯匙把表面推平。

3

步驟 *1 ~ 2* 重複一遍後，將椰奶冰沙覆
蓋在萊姆椰漿雪酪上面，把椰子殼內剩
餘的空間填滿。

4

在冰沙表面刨一些萊姆皮，提亮色彩、
增加香氣。

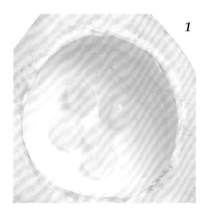

5

在食材表面均勻噴灑新鮮萊姆汁後，蓋
上另一半椰子殼鎖住香氣。

Tips：本道甜點為冰品，所以可將椰子殼事
先冰鎮過，或者在擺盤前加入液態氮，讓容
器能保持內容物的低溫。

● 德朗餐廳—李俊儀 甜點副主廚

雙層玻璃杯
一大一小分量盛裝 清爽沁涼

此道西瓜冰沙佐芫荽起司冰沙為飯前甜點，用意在於喚醒味
蕾，準備好迎接接下來的美味餐點。沁涼的馬士卡彭冰沙與
爽口的西瓜汁，再加上香氣獨特的芫荽泡沫，搭配雙層玻璃
器皿，透明的材質一眼望透西瓜紅與泡沫，大杯裝半滿營造
明亮、清涼舒爽、不過量的輕盈感，而一大一小不同造型的
杯子除了有層次，也可提供食用者依照個人習慣增減甜度。

器皿

材料

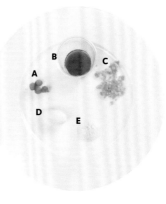

A 西瓜果肉
B 西瓜汁
C 西瓜冰沙
D 馬士卡彭冰沙
E 芫荽奶泡

大小雙層玻璃杯 | ZEHER

雙層玻璃杯線條圓潤、底部漂浮,造型優雅,具有透視、輕盈、耐高低溫、冰飲不結水氣的特性,能讓飲用者保持手部乾爽。透明質地予人清涼、清爽的視覺感受,而大小杯的搭配,高低錯落並可隨心調整濃度與甜度,具有手動操作的樂趣。

步驟

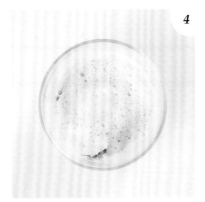

1

將西瓜果肉挖成小球,再舀至大玻璃杯內至約 1/4 高。

2

將西瓜冰沙舀至大玻璃杯內,並完全覆蓋過西瓜果肉至杯子約 1/2 高。

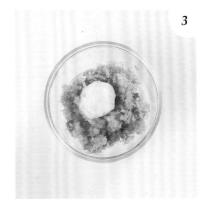

3

挖一球馬士卡彭冰沙置於西瓜冰沙上。

4

將芫荽奶泡澆淋於大玻璃杯內至完全覆蓋其他食材。

5

將西瓜汁倒入小玻璃杯,即可一併上桌。

灰紫粉綠黃三線交錯
檸檬愛玉的另類呈現

靈感來自台灣夜市常見的檸檬愛玉，使用凍檸檬、愛玉等元素，將
傳統冰品解構之後重新擺盤，搭配一點抹茶，使其帶點苦味，但是
又有白巧克力的甜味，底層再刷上梅子醬，吃起來酸酸甜甜，味道
和色彩繽紛多樣，富春天氣息，相互陪襯、彼此增色，用水泥灰盤
的穩重帶出夢幻而輕柔的感覺。整體構圖採三線通向同一焦點，再
由右下角的焦點向上堆高，既能平衡畫面，些微偏離中的擺放方式
也增加了活潑度。

MUME | Chen Chef

器皿

水泥灰圓陶盤│台灣訂做

此道甜點使用的顏色皆非常明亮鮮豔，選擇低調彩度
的水泥灰陶盤，襯托繽紛的畫面。水泥堅硬與花卉輕
柔則有著自然感與質地的強烈對比。

■ Ingredients

材料

A 洛神花粉	E 玫瑰冰沙	I 梅子醬
B 凍檸檬肉	F 白巧克力抹茶	J 牽牛花
C 愛玉	G 凍檸檬片	
D 法式酸奶冰淇淋	H 抹茶鮮奶油	

■ Step by step

步驟

1

以疏落的刷子沾梅子醬，在盤內從左側
向右刷，把抹茶鮮奶油用擠花袋，擠在
盤內 12 點鐘之處，以湯匙背面輕壓成
凹槽後，接著往下劃，與梅子醬形成十
字交叉。

2

愛玉圍著交叉處取三點擺放，再以凍檸
檬肉填補愛玉間的空隙。

3

以手指輕捏洛神花粉，撒在盤內右側。

4

沿著抹茶鮮奶油凹槽鋪上白巧克力抹
茶，從交叉處往 4 點鐘方向鋪放玫瑰冰
沙。

5

以湯匙挖法式酸奶冰淇淋成橄欖球狀，
斜擺在盤子正中間。

6

凍檸檬片斜鋪在法式酸奶冰淇淋下方，
冰淇淋上面裝飾牽牛花。

微醺魅力
冰沙馬丁尼的誘惑

簡單的開胃小點水蜜桃香檳冰沙，品嚐過程中逐漸融化有如啜飲一杯香氣濃烈的馬丁尼（Martini），新鮮玫瑰花瓣本身帶一點荔枝的味道搭配荔枝雪酪，除了味覺上的契合，在視覺上更給人一種神秘、誘惑的魅力。簡單的色調透過使用馬丁尼杯托出高度，清楚看到堆疊的線條，也具傳達食材特性的意義。

MUME | Chen Chef

器 皿

馬丁尼杯｜一般餐具行

馬丁尼為雞尾酒的一種，其中最重要的特色之一是要
夠冰，溫度愈低愈是對味，而其使用的杯子便稱馬丁
尼杯，造型以圓錐倒三角玻璃高腳杯為經典，能夠完
美呈現調酒的色彩和層次，高腳的部分則為避免飲用
時手的溫度直接觸碰到杯腹，壞了風味。綜合以上特
點正好適合這道精緻的冰沙小點。

材 料

A　水蜜桃香檳冰沙
B　荔枝雪酪
C　玫瑰鮮奶油
D　玫瑰花瓣

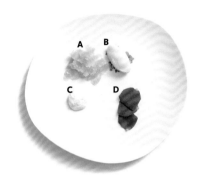

步 驟

1

用擠花袋將玫瑰鮮奶油擠一球在杯底正
中央至約 1/3 的高度。

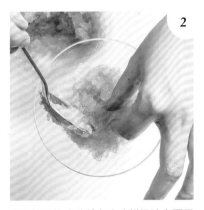

2

水蜜桃香檳冰沙鋪在玫瑰鮮奶油上面至
約 2/3 的高度後，把冰沙表面整理推平。

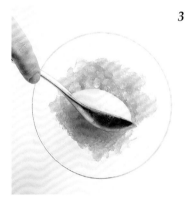

3

以湯匙挖荔枝雪酪成橄欖球狀，斜擺在
水蜜桃香檳冰沙上面。

4

一片玫瑰花瓣黏在荔枝雪酪上裝飾便完
成。

Tips：無論是盛裝馬丁尼或是冰品，一般來
說在使用前都會先做「冰杯」的動作，將玻
璃杯放入冷藏。除了使用時能夠保持盛裝物
的溫度，當接觸到空氣時杯子還會結上一層
美麗的霧氣。

冰
沙

Almond granite with Pain Jaune
in orange flower
杏仁冰沙與橙花杏仁蛋糕

Angelo Aglianó Restaurant ｜ Angelo Aglianó Chef

特殊圓餅冰沙
花果系清新賞味

以圓形深盤盛裝造型特殊的圓餅狀杏仁冰沙，並
以刷上橙花水的杏仁蛋糕、藍莓、薄荷葉等多種
食材裝飾，搭配只刷半邊盤面製造對比趣味的黑
莓醬刷盤，使原本素淨的盤面呈現以清新杏仁果
香為主調的豐富美感。蛋糕也切成小巧的一口吃
尺寸，方便取食，不至於搶走杏仁冰沙的主體風
采。整體構圖採用簡單的三角交錯，穩定畫面、
點綴淺色的冰沙主體。

器 皿

材 料

A 橙花杏仁蛋糕
B 橙花水
C 杏仁冰沙
D 藍莓
E 覆盆子粉杏仁角
F 薄荷葉
G 黑莓醬

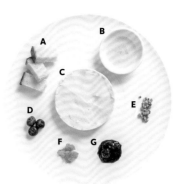

白瓷圓深盤 | 購自陶雅

因冰沙容易融化，所以選用大小適宜的深盤，方便盛盤與呼應這款冰沙少見的渾圓外型。而此白色深圓盤還有寬大的盤緣，可利用畫盤做變化。

Step by step

步 驟

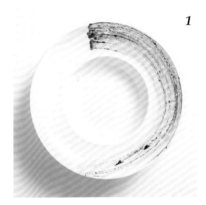

1

以刷子沾取黑莓醬均勻刷滿半面深盤邊緣。

2

將圓餅狀的杏仁冰沙置於深盤正中央。

3

於杏仁冰沙表面以三角構圖，橫向擺上三塊橙花杏仁蛋糕，並刷上橙花水提味。

4

夾取藍莓置於杏仁冰沙表面，使藍莓與蛋糕如棋盤格般交錯擺放。

5

於蛋糕表面灑上杏仁角。

6

於藍莓側邊裝飾薄荷葉。

盛夏農場暖色漸層
美好富足的多風貌冰品

冰棒、冰淇淋、雪酪、雪貝和剉冰等多種冰品組合而成的小梗農場，以暖色和大地色系，再加上多層次堆疊，從前景到後景、由下而上，鋪疊出隨興的自然風景。整體將盤面一分為二，以大中小的球狀冰為前景，插上手剝巧克力餅乾、巧克力牛軋糖和杏仁薄餅，拉高、增加造型的多樣性；剉冰堆高成丘再插上斜插上漸層色的冰棒為後景，明亮色彩帶出視覺的焦點，構築出豐富多樣卻不雜亂的自然農場，豐足了一整個盛夏。

● Terrier Sweets 小梗甜點咖啡 ｜ Lewis Chef

A 綜合水果冰棒	**E** 手工煉乳	**I** 蛋白霜
B 剉冰	**F** 開心果碎粒	**J** 巧克力餅乾
C 薄荷義式冰淇淋	**G** 藍莓雪酪	**K** 巧克力牛軋糖
D 烏龍芒果雪貝	**H** 鮮奶油	**L** 杏仁薄餅

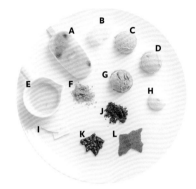

圓木盤｜購自無印良品　**褐色波盤**｜購自陶雅

褐色波盤搭配圓形木盤，同為大地色系、質地粗糙、紋路和線條自然而樸實，堆疊出立體感並將視覺向外擴大。為維持冰品的低溫避免快速融化，建議先將盛裝甜點的波盤冰鎮過，襯底的木盤則能方便端盤。

■ Step by step
步驟

1

在盤子前方以大小尺寸不同的挖杓將薄荷義式冰淇淋、烏龍芒果雪貝和藍莓雪酪，以大、小、中的順序排成一直線。

2

三球雪貝、雪酪和冰淇淋的下緣及兩側鋪上一層巧克力餅乾。

3

將巧克力牛軋糖、杏仁薄餅、蛋白霜用手剝成適當大小，依序以不同方向交錯插在三球雪貝、雪酪和冰淇淋上。

4

沿著巧克力餅乾的下緣，等距以擠花袋擠上五小球鮮奶油後，整區撒上開心果碎粒。

5

盤子後方約 2/3 的面積鋪上大量剉冰後，以 45 度角斜斜倒插上綜合水果冰棒。

6

將裝有煉乳的帶把淋醬小皿，把手朝外放在剉冰旁的空位上。

Yellow Lemon | Andrea Bonaffini Chef

溢滿果香
重塑其形的迷你水果籃

來自義大利的主廚以西西里傳統水果杏仁冰糕為概念，用各
式水果、黑白巧克力和黑芝麻做成精巧可愛的水果造型冰
棒，將大量的冰塊堆疊至滿，除予人清透感外，也有保冰的
功能，再撒上具清涼香氣的薄荷和龍蒿，搭配顏色鮮明的百
香果、香蕉及西瓜冰淇淋各據一角，宛如色彩繽紛的水果
籃，讓人看了暑氣全消。

器 皿

白湯碗 | 阿拉伯 UAE

立體的湯碗，適合盛裝大分量甜點，以分享為目的使用，因此在擺放時通常以 360 度觀看無正反之分的方式呈現，也因為其高度可堆滿托高，營造出豐富感。

材 料

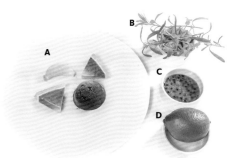

A 水果冰
B 薄荷＆龍蒿
C 百香果果肉
D 萊姆

步 驟

1

將冰塊放進已冰鎮過的湯碗至超過邊緣的量。

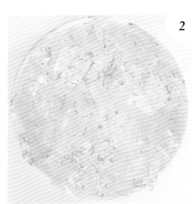

2

刨一些新鮮的萊姆皮到冰塊上。

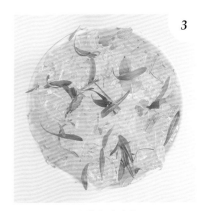

3

薄荷及龍蒿均勻放在冰塊上。

4

順時針依序將百香果冰、西瓜冰、香蕉冰和西瓜冰放在冰塊上。兩個西瓜冰一躺一立，讓畫面看起來更活潑些。

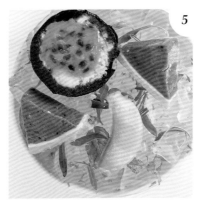

5

用湯匙將百香果果肉填入百香果冰凹陷處便完成。

Tips：端給客人時，再把液態氮倒在冰上，除了能夠保冰定型，也能讓檸檬跟藥草的清香散出。

● Terrier Sweets 小梗甜點咖啡 │ Lewis Chef

天外飛來一腳
焦點破格趣味橫生

小梗甜點店如其名,店內養了許多隻可愛的梗
犬,以此為靈感,綠色大塊抹茶蛋糕如樹,與色
彩繽紛的各式水果與葵花苗錯落成一弧線,有如
一片森林,而狗狗手掌造型的草莓雪酪冰棒則巧
妙融入,為便於拿取享用,將冰棒棍朝外破出盤
外吸引目光,營造偷偷伸入盤內想偷吃的趣味情
景。小心,森林裡有梗,請留意你盤中的美食。

器皿

材料

A 蜜漬小洋梨
B 草莓
C 覆盆子
D 塔皮粉
E 覆盆子果醬
F 草莓雪酪
G 巧克力餅乾
H 抹茶蛋糕
I 香橙焦糖醬
J 葵花苗
K 黑莓
L 櫻桃

白色平盤 | 購自家

白色圓盤面積大而平坦，表面光滑適合當作畫布，演繹大空間，而其無盤緣的造型也給人簡約俐落的時尚感，完整呈現盤飾畫面。

■ Step by step

步驟

1

使用 Caviar Box（仿魚卵醬工具）將覆盆子果醬點在盤面一角成網點狀。

2

手撕抹茶蛋糕於盤面上方以三角構圖擺放。

3

抹茶蛋糕之間的空隙處交錯填放蜜漬小洋梨、切成角狀的草莓、剖半的櫻桃和黑莓成一弧線。

4

將塔皮粉撒於抹茶蛋糕左右側，再交錯放上幾顆覆盆子。

5

將葵花苗綴於蛋糕上，並於其左右點上數滴香橙焦糖醬。最後將整支狗腳掌狀的草莓雪酪置於盤面左下角，並與覆盆子果醬畫盤交疊，冰棒棍朝外方便拿取食用。

Tips：Caviar Box（仿魚卵醬工具）分子料理常見器具，將食材塑形為仿魚卵的球體，可於一般烘焙、廚具用品店購入。使用於畫盤時，為作成點狀效果而非球狀，建議將 Caviar Box 微微懸空，先擠出些許醬汁後，再沾點於盤面，避免與盤面推擠而變形。

一圈一圈
引人入勝的微醺享受

一邊喝啤酒、一邊聽歌，悠哉愜意，主廚以此為題，在盤內畫出螺旋，如同唱片上的密紋，也暗喻喝完啤酒後那股飄飄然的快感。除了帶出意境與畫面，螺旋線條富動態感及聚焦的效果，襯托出向上堆疊的甜點主體。整體使用的色調和材質，米色、褐色、淺褐色、黑色、不規則狀、粗糙面、扎實，皆有大地感，自然樸實、溫暖舒服讓人放鬆的感覺。

黑色圓平盤 │ 日本訂做

此黑色圓平盤呈現的自然感呼應了設計理念中輕鬆自
在的感覺，紮實有重量，似樹皮紋路的粗糙表面，與
啤酒凍的亮面質感呈現反差，雖色彩上相近卻不會被
吃掉，深色的背景也襯托了主體。

■ Ingredients

材 料

A　啤酒凍

B　堅果巧克力

C　香草啤酒冰淇淋

D　麥芽卡士達

E　牛奶脆片

F　巧克力榛果碎

■ Step by step

步 驟

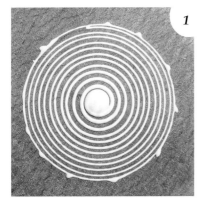

1

先把盤子放在托盤上，一手轉托盤，一
邊將麥芽卡士達以醬罐從正中央利用規
律向外擠至約盤面的 1/2 處，形成螺旋
狀的底部。

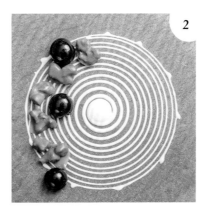

2

將堅果巧克力鋪在螺旋線條的右側，再
於堅果巧克力上、中、下的位置，左右
交錯擺放啤酒凍。

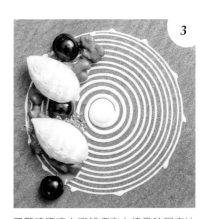

3

三顆啤酒凍之間鋪巧克力榛果碎固定冰
淇淋防止滑動，再以湯匙挖兩個香草啤
酒冰淇淋成橄欖球狀，平行斜擺在巧克
力榛果碎上面以及啤酒凍中間。

4

在香草啤酒冰淇淋表面撒上些許巧克力
榛果碎。

5

取三片適當大小的牛奶脆片，直立黏在
兩顆冰淇淋的上下位置，具有向上延伸
的效果。

Tips：一般會使用轉檯畫盤，若要使用托盤
擠出漂亮的螺旋線條，首先置其於光滑桌面
上高速度轉動，然後手持擠花袋在正中間先
擠 3 秒，再以穩定速度往外拉，線條的間隔
才會一致。

夏日冰涼時光
玻璃深盤輕盈聚焦

夏日冰涼爽口的甜品，酸酸的莓果醬汁搭配香甜的覆盆子冰淇淋和薄荷巧克力冰淇淋，加上新鮮水果、酥軟的焦糖榛果碎粒和香蕉蛋糕，增添口感層次和多樣色彩，全部食材以相同大小堆疊成丘，襯以透明盤面，創造豐富卻無負擔的清涼感受。

北投老爺酒店 ── 陳之穎 集團顧問兼主廚

北投老爺酒店 ── 李宜蓉 西點師傅

器 皿

材 料

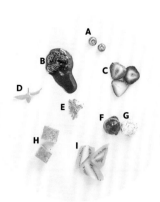

A　藍莓
B　綜合莓果泥
C　草莓
D　薄荷葉
E　焦糖榛果碎粒
F　覆盆子冰淇淋
G　薄荷巧克力冰淇淋
H　香蕉蛋糕
I　奇異果

玻璃飛碟深盤 | steelite

此款飛碟狀的深盤，中央設計較小且圓，適合放置分量小、湯汁豐厚的餐點，也能避免冰淇淋融化而溢出。玻璃材質帶有顆粒氣泡，也能增添清透、涼爽感。

步 驟

1

將綜合莓果泥淋在盤中。

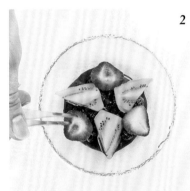

2

以三角構圖放上三塊切成角狀的奇異果，尖端朝外；再將三塊剖半的草莓與奇異果交錯擺放，剖面朝上。

3

將兩塊香蕉蛋糕疊於兩側。

4

挖四球薄荷巧克力冰淇淋和兩球覆盆子冰淇淋依序疊放。

5

綴飾兩顆藍莓及一小株薄荷葉，並於頂端撒上些許焦糖榛果碎粒。

Tips：奇異果切成角狀的方法，去皮後切掉蒂頭，縱向對切再對切成 1/4 塊，接著從中段斜面切入一刀即成。

MUME | Kai Ward ... Cook

白色冰山
細緻純粹的對比之美

牛奶香草冰沙、釋迦冰淇淋、釋迦果肉和檸檬百里香蛋白霜四項主
體皆為白色，透過一層層細緻的堆疊包覆、錯落穿插如山，均衡的
樣貌能夠讓食用者每一口都吃到一樣的味道，底部黑盤在色彩上極
度對比，聚焦效果明顯。要特別注意的是，插在牛奶香草冰沙上面
的檸檬百里香蛋白霜，不宜做得太大太厚，一方面是味道的考量吃
起來會過甜，二方面則是整體視覺會顯得厚重。

器皿

黑色圓形淺盤 | 購自日本

食物放在黑色盤子會形成明度對比，使其看起來比實際的顏色更鮮明，讓四項白色主體顯得更白。而其天然釉色在盤緣帶點流動狀的冰藍與白，則巧妙呼應主體如冰山的特質。淺淺弧度的盤面適合冰品，避免融化的液體流出。

■ Ingredients

材料

A 牛奶香草冰沙　　E 糖漬柚子
B 釋迦冰淇淋　　　F 菊花
C 釋迦果肉　　　　G 檸檬百里香
D 檸檬百里香蛋白霜

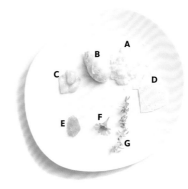

■ Step by step

步驟

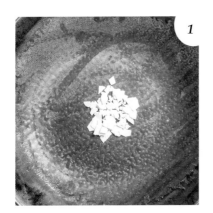

1

將些許檸檬百里香蛋白霜擺放盤底中間，除了味覺上的考量，也具冰淇淋止滑的功用。

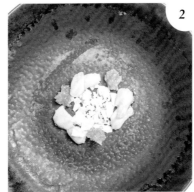

2

糖漬柚子圍著檸檬百里香蛋白霜，平均三點擺放。再將新鮮去籽的釋迦果肉，擺在糖漬柚子之間的空白處，做成一個圈。

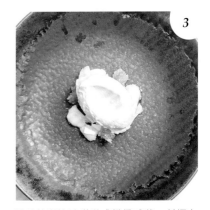

3

湯匙挖釋迦冰淇淋成橄欖球狀，斜擺在檸檬百里香蛋白霜上面，再以湯匙背面輕壓，讓釋迦冰淇淋表面形成一個凹槽以盛裝牛奶香草冰沙。

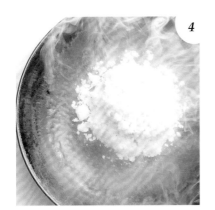

4

以牛奶香草冰沙覆蓋所有食材，如同一座小山。

5

隨興剝取數片大大小小的檸檬百里香蛋白霜，插在牛奶香草冰沙上。

6

將菊花瓣和檸檬百里香作為點綴均勻地撒在牛奶香草冰沙上即完成。

L' ATELIER de Joël Robuchon à Taipei ｜ 高橋和久 甜點主廚

經典高雅
由杯盤長成的香甜花園

法修蘭甜冰為法國傳統經典甜點，主要元素為冰淇淋、蛋白餅以及
香緹鮮奶油，整體口感比較厚重，因此藉由器皿的搭配和食材的塑
型使其在畫面上變得輕盈。透明高腳杯可以托高、營造冰涼透亮的
感覺，而食材上則使用細長的粉色蛋白餅，拉高視線，並綴上蝴蝶
造型糯米紙和金箔，有著彷彿要飛舞的自然輕鬆。色彩上採用經典
的黑紅兩色，有著金粉的黑底盤，襯托色彩鮮紅的覆盆子冰、草莓
果凍、覆盆子和棒狀蛋白餅，就如一座高貴優雅的甜密花園。

器皿

高腳玻璃杯 │ 歐洲進口　**珍珠黑白盤** │ 日本進口

此道盤飾是循著器皿的顏色和造型而設計的，高腳玻璃杯的造型高挑簡約，適合盛裝濃郁的冰品，創造出冰涼清透的感覺。珍珠黑白盤為底方便端盤，其黑色圓形在中間聚焦，雙色偏斜重疊的盤面和隱隱閃爍的珠光讓整體更加大方時髦。

材料

A 覆盆子冰	F 玫瑰花瓣	K 香草冰淇淋
B 蝴蝶造型糯米紙	G 香草布蕾醬	L 綜合莓果醬
C 覆盆子	H 奶酪	M 金箔
D 棒狀蛋白餅	I 海綿蛋糕	N 水滴狀蛋白餅
E 草莓果凍	J 香緹鮮奶油	

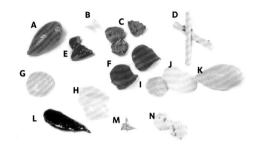

步驟

1

將香草布蕾醬以擠花袋在玻璃杯底擠出一小球，再以湯匙取三小塊奶酪，平均間隔繞著香草布蕾醬。草莓果凍同樣取三小塊，與奶酪平均間隔繞著香草布蕾醬成圈。

2

取一小塊海綿蛋糕，放在香草布蕾醬上方，然後再鋪上一層綜合莓果醬。

3

用湯匙挖一小球香緹鮮奶油，擺在海綿蛋糕左側。

4

先擠一點果糖在杯緣左右兩側，作為黏著劑，再分別將剪成蝴蝶狀的糯米紙和金箔綴上。

5

將香草冰淇淋及覆盆子冰用湯匙挖成橄欖球狀，並排斜擺在藍莓醬上。

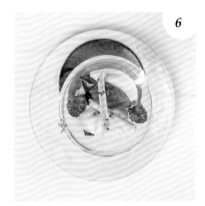
6

覆盆子對半切，切口朝上擺在兩球冰淇淋尖端兩邊。兩根棒狀蛋白餅以交叉方式，直立於覆盆子冰上方；再取一個水滴狀蛋白餅放在香草冰淇淋上面。最後將玻璃杯放上珍珠底盤，以玫瑰花瓣裝飾。

Le Ruban Pâtisserie 法朋 ｜ 李依錫 主廚

既能成熟高雅
也能狂野分明

選用黑白格紋鑲邊、略帶深度的圓盤，既襯托甜點的深濃色調，也
與痛快澆淋流淌而下的櫻桃醬，營造出宛如賽車的速度動感。至於
水平散置的巧克力沙布列與立體嵌於櫻桃巧克力頂端的核桃脆片、
其粗獷脆硬質感則使擺盤更有層次。於櫻桃巧克力宛如貴婦般成熟
高雅的氣質之外，又彰顯出耐人尋味的趣致與個性。

器 皿

黑白格瓷盤 ｜ 美國 G.E.T. Enterprises wisi milano

鑲飾黑白格紋的圓盤傳達出微妙的速度感，除呼應巧克力的深褐色調並聚焦主體，也呼應了櫻桃醬順暢流淌的概念。

材 料

A 櫻桃巧克力冰淇淋
B 巧克力核桃脆片
C 櫻桃醬
D 櫻桃
E 巧克力沙布列

步 驟

1

以湯匙將巧克力沙布列散鋪於盤面並於中央留下空白，增加口感與作為畫盤背景。

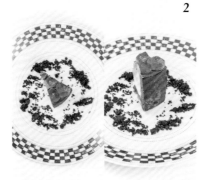

2

用抹刀以 45 度角將櫻桃巧克力冰淇淋置於盤中央，展現側面結構。

3

因為櫻桃巧克力冰淇淋為冰凍狀態，表面堅硬，因此先以刀子在頂端刻出凹痕，再嵌上數片巧克力核桃脆片。

4

以剖半的新鮮櫻桃以三角構圖綴於盤面以及櫻桃巧克力冰淇淋頂端。櫻桃切面朝上。

5

舀取充分的櫻桃醬自冰淇淋頂端淋下，使櫻桃醬順暢地自然流淌。

Tips：因冰淇淋較硬，擺放脆片時須注意手勁，避免折斷。

● Le Ruban Pâtisserie 法朋 — 李依錫 主廚

桃紅粉白
浪漫高貴的玫瑰絮語

主廚選用特殊造型瓷盤盛裝荔香玫瑰冰淇淋，從盤面的基礎視覺便營造與眾不同的品味。擺飾重點在於以覆盆子醬於盤面分散拉出數條花瓣狀的弧線，與隨意擺放的玫瑰花瓣、覆盆子營造出浪漫、嬌美、率真的氛圍。濃稠帶果泥的覆盆子醬除呼應玫瑰冰淇淋的口味，其外觀紮實的豐盛感也與冰淇淋的緻密質地相得益彰。

器皿

材料

A 玫瑰花瓣
B 薄荷
C 覆盆子醬
D 荔香玫瑰冰淇淋
E 覆盆子果粒
F 乾燥覆盆子粉末

葫蘆凹槽方瓷盤 │ 一般餐具行

中央鏤有特殊葫蘆狀凹槽的瓷盤，可直接擺放荔香玫瑰冰淇淋，也適合盛裝醬汁而不會溢出。方形邊緣有著鮮明俐落的個性，適合展現力道美。

步驟

1

以抹刀將荔香玫瑰冰淇淋盛放在盤中凹槽。

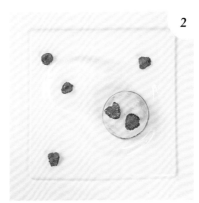

2

於荔香玫瑰擺上兩個剖半的覆盆子，並於盤面撒上數個。

3

用湯匙舀取覆盆子醬於盤面中央、四角隨意刮畫出數條花瓣狀的線條。

4

於覆盆子醬與荔香玫瑰表面擺上玫瑰花瓣，同樣隨意散擺即可，可使畫面更生動和諧。

5

於荔香玫瑰表面擺上兩片薄荷葉，可以水果刀微調葉片角度。

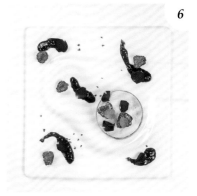

6

最後於盤面撒灑乾燥覆盆子。

琉璃小皿成展台
甜蜜的仿作藝術品

法國傳統點心可麗露，外皮焦焦脆脆，內裏如蜂
巢狀、口感濕軟富香草香氣，外形似鈴鐺，小巧
得令人愛不釋口，而此道冰涼香草可麗露仿擬其
的外型和風味，酥脆外皮切開後卻是冰涼濃郁的
可麗露風味冰淇淋，有如藝術品般精緻，予人視
覺、味覺顛覆的創意體驗。隱藏了諸多驚喜的冰
涼香草可麗露，簡單放在展台般的仿琉璃小皿提
供反覆旋轉觀賞，再加上一根香草莢，暗示其味
道，營造博物館內藝術展示的效果。

德朗餐廳 ── 李俊儀 甜點副主廚

■ Plate
器 皿

透明仿琉璃實心小皿 | 日本工藝家特別訂製

仿琉璃的實心小皿，錐形霧面如冰塊，帶來沁涼的感覺，同時預告著即將入口的冰涼。將迷你可麗露托高，如同展示架擺放精美細膩的藝術品，讓人無法轉移視線。

■ Ingredients
材 料

A 香草可麗露
B 香草莢

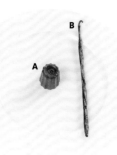

■ Step by step
步 驟

1

在器皿中央放上香草可麗露。

2

於香草可麗露一側放上 1/2 根香草莢，部分超出器皿。

● 德朗餐廳 — 陳宣達 行政主廚

嬌嫩欲滴粉色調
冰雪將融　蜜桃花開

以水蜜桃濃縮果汁製成的水蜜桃冰球，包藏口感豐富、香甜多汁的水蜜桃果肉、白波特沙巴雍、水果風味鮮奶油和覆盆子，色彩粉嫩迷人，並以水果風味鮮奶油畫成花朵為底，小心翼翼注入水蜜桃果汁濃縮液形成淺淺鏡面，隨著溫度漸漸融化的冰球，映照花形姿態，就有如初春降臨、冰雪融化，綻放出甜蜜幸福的蜜桃花。

器 皿

材 料

A 水蜜桃冰球
B 水蜜桃果汁濃縮液
C 水蜜桃果肉
D 百里香
E 白波特沙巴雍
F 水果風味鮮奶油
G 銀箔
H 覆盆子

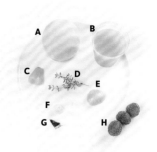

白色寬圓盤 │ 日本 Narumi

盤緣向外展開的白色寬盤，具有深度能簡單聚焦主體，並適合盛放有醬汁、會融化的冰品。盤面偏薄，大而光潔，予人大器、高雅之感。

步 驟

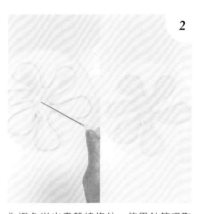

1

用擠花袋將水果風味鮮奶油於盤面擠成線條隨興的花瓣狀。

2

為避免溢出畫盤線條外，使用針筒吸取水蜜桃果汁濃縮液，再填入水果風味鮮奶油畫盤內。

3

將白波特沙巴雍及水蜜桃果肉，填入以水蜜桃果汁濃縮液製成的冰球內。

4

接續步驟 *3*，將覆盆子填入，最後再以水果風味鮮奶油填滿水蜜桃冰球。

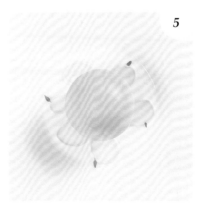

5

將填入餡料的水蜜桃冰球倒扣於盤中央，再用鑷子夾四小瓣百里香綴於水果風味鮮奶油畫盤線條上。

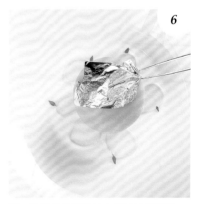

6

將一整張銀箔黏貼於水蜜桃冰球頂端。

層層上疊拉高視線
圓的娉婷之舞

義籍主廚將代表義大利精神的西西里經典甜點——開心果海綿蛋糕、台灣當地食材——西瓜，以及白色凍糕來做搭配，巧妙地呈現出義大利國旗的綠、白、紅三色。突破傳統甜點攤平擺放的方式，將食材層層往上疊，構築出多層次的立體感，覆盆子作為蛋糕支柱變化出鏤空的效果、葡萄醋妝點在西瓜汁上宛如西瓜子，成柱狀的主體與散落的點狀醬汁繞著轉，跳出明亮簡約的舞蹈。

維多麗亞酒店 │ Marco Lotito Chef

白色圓凹盤 | 日本 Narumi

最簡單基本的白盤，中間有淺凹槽，適合盛裝液體、集中食材。盤緣寬廣，可以詮釋空間性，創造洗鍊雅緻的風格。

■ Ingredients

材 料

A	凍糕	E	餅乾
B	西瓜原汁	F	芝麻餅乾
C	葡萄醋	G	覆盆子
D	開心果海綿蛋糕		

■ Step by step

步 驟

1

將西瓜汁倒入凹槽中至約 1/2 的高度。

2

餅乾放在西瓜汁中央。

3

凍糕疊在小餅乾上後，以三角構圖將覆盆子放在凍糕上。

4

將芝麻餅乾疊放在覆盆子上。

5

開心果海綿蛋糕疊放在芝麻餅乾上。

6

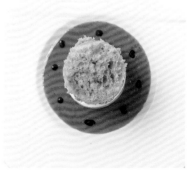

用擠醬罐將葡萄醋在西瓜汁上點成一圈。

Plated Dessert

FRUIT

水 果

溫暖樸實粉灰色調
清爽蜜桃樹的歡樂盛宴

此作品取材於形,將水蜜桃樹變到盤子裡。開心果、水蜜桃和甜羅勒的味道很契合,因此主廚以粉色、綠色和褐色三個主色,開心果作為樹幹,再利用的水蜜桃片、水蜜桃凝膠交錯堆疊出它的分枝,看起來就好像水蜜桃樹一般,果實纍纍令人垂涎。另外,將甜羅勒油隨意淋在凍桂花鮮奶油的表面,除了能夠增添口感風味,也可以加強顏色的彩度與層次。

MUME | Kai Ward Head Chef

器 皿

淺褐色陶瓷圓平盤 | 特別訂做

特別訂做的圓盤，表面有自然龜裂的紋路和淡淡的粉色色澤，可以襯托、呼應食材的顏色，也能帶出大自然的樸實感。

材 料

A 甜羅勒   E 茉莉花粉

B 甜羅勒油   F 水蜜桃凝膠

C 凍桂花鮮奶油   G 焦糖開心果碎

D 水蜜桃片

步 驟

1

沿盤子三分之一的右側，可用手掌輔助成一曲線放上焦糖開心果碎。

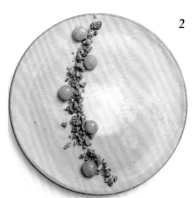

2

用擠花袋將水蜜桃凝膠，左右交錯擠成球狀於焦糖開心果碎兩側。

3

水蜜桃片沿著焦糖開心果碎擺放，第一、三片斜立，第二片平躺並交疊，可以看到切片水果不同面向的形狀，也不會太過工整、死板。

4

以手指輕捏茉莉花粉，搓撒在盤子上，與焦糖開心果碎呈一交叉直線，也覆蓋到第三片水蜜桃，做出層次。

5

焦糖開心果碎表面的空白處，鋪上兩塊凍桂花鮮奶油。

6

甜羅勒油隨意淋在凍桂花鮮奶油表面，再將甜羅勒點綴於焦糖開心果碎的曲線上。

Tips：考量到桂花鮮奶油為急速冷凍，擺盤順序也會放到較後面，避免融化。

台北喜來登大飯店安東廳 ── 許漢家 主廚

嬌貴白桃
層次繽紛的立體賞味

安東廳極富盛名的甜點，線條圓潤的盤面與玻璃杯營造
優雅基調，也襯托出費心熬煮的法國白桃飽滿外形。擺
盤則運用玻璃杯的透明質地與深度，以堆疊技巧展現食
物的多樣層次：先以四球香草冰淇淋打底使白桃自然墊
高、再淋上覆盆子醬使白桃主體更嬌豔明顯，並善用巧
克力餅、野莓等小物綴飾，完成一道口感、色澤皆鮮妍
富立體感的甜點。

■ Plate

器 皿

圓盤 | 日本 Narumi　**玻璃高腳杯** | 一般餐具行

潔白小圓盤與造型圓潤的玻璃高腳杯，是呈現甜美杯
飾風格的經典組合。將盤子襯在玻璃杯下，能避免指
紋沾到玻璃器皿上方便端盤，而此道選擇大開口的玻
璃高腳杯則為盛裝一整顆白桃與數球冰淇淋，給予大
分量的滿足。

■ Ingredients

材 料

A 香草冰淇淋

B 法國白桃

C 覆盆子醬

D 薄荷葉

E 野莓

F 白巧克力餅

G 黑巧克力飾片

■ Step by step

步 驟

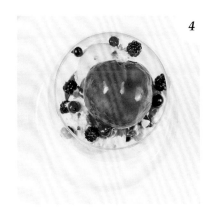

1

玻璃杯置於盤中央。以冰淇淋杓挖取四
球香草冰淇淋置於杯底作為基底，可固
定白桃並增加風味。

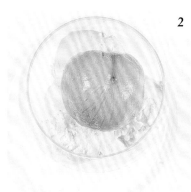

2

以鑷子夾取法國白桃置於杯中。

3

從白桃正上方慢慢淋下覆盆子醬，使白
桃因均勻染上一層覆盆子醬成為紅桃。

4

以鑷子夾取適量野莓點綴冰淇淋表面。

5

於白桃表面交錯插上黑巧克力飾片、白
巧克力餅，使擺盤立體延伸。

6

於白桃頂端點綴一株薄荷葉。

水
果 | Amarone caramelized pears
with cinnamon ice cream
紅酒肉桂燉梨子 & 肉桂冰淇淋

大地氣息回歸本質
簡單自然的幾何遊戲

來自義大利的甜點,在盤飾上當然不脫義大利文化,在他們的傳統
建築、繪畫中,常常是幾何造型及對稱,表現自然界中最純粹的美
感,突顯甜點的本質,於是使用典型的方盤,大玩幾何遊戲。將用
肉桂粉、阿瑪羅紅酒燉煮的梨子排成く型於,圓形的冰淇淋加螺旋
造型巧克力片置於中央延伸高度,並巧妙地將香草醬由圓形變為蝌
蚪型置於兩側對稱,在盤子點上四個吸睛的酒紅色小點,食材自
然、色彩簡單,充分體現地中海料理的特性。

維多麗亞酒店 | Marco Lotito Chef

器 皿

白方盤 | 日本 Narumi

光滑的方盤如畫布一般，適合創作、畫盤。而此款盤子帶有圓角，淺淺內凹的弧度，中和方盤剛硬、冷酷的調性，讓整道紅酒肉桂燉梨子＆肉桂冰淇淋多了一分溫暖的、柔和的氣息，也能避免醬汁和冰淇淋融化流出。

材 料

A　造型巧克力片
B　濃縮阿瑪羅內紅酒醬
C　肉桂冰淇淋
D　燉煮梨子
E　杏仁餅乾碎
F　香草醬

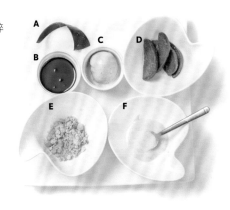

步 驟

1

方盤擺成菱形。用湯匙將四片燉煮好的梨子舀至方盤中，交疊擺成成兩個ㄑ字型。

2

舀一些杏仁餅乾碎在盤中央，為固定冰淇淋、增加口感。

3

用湯匙在方盤左右兩側各點上一匙香草醬，用匙尖將右側香草醬往下、左側香草醬往上劃上一道，使其成為蝌蚪狀。

4

將挖成球狀的肉桂冰淇淋置於杏仁餅乾上。

5

將造型巧克力放在肉桂冰淇淋上。

6

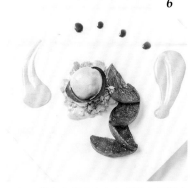

用紅酒醬在方盤下方空白處點上四個小點即成。

冷色調大量堆疊出氣場
冰寒交加的紛飛白雪

以冬日酷寒為盤飾概念的綜合水果甜點，將日本晴王葡
萄製成各種狀態：果凍片、碎冰和新鮮果肉，再同塑成
圓片，清甜淺淡的綠與銀白冷色調交錯堆疊成丘，最後
撒上如紛飛白雪的冰沙與蛋白霜碎屑，並襯以雙層大
盤，與盤中擺盤技法相互呼應，創造狂風裡冰寒交加、
冷冽刺骨的視覺想像。

●
德朗餐廳 — 李俊儀 甜點副主廚

A 青蘋果碎冰
B 西洋梨
C 優格冰沙
D 青蘋果果凍
E 蛋白餅
F 晴王綠葡萄

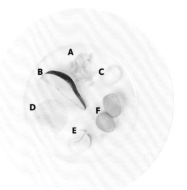

雙層含蓋白盤組｜日本 Narumi

雙層白盤皆鑲上銀邊，白色深盤光潔簡約，寬闊的盤緣予人時尚俐落之感，而具有深度的凹槽適合盛放醬汁，並能聚焦主體，再以帶有歐式銀灰花紋的大平盤襯底，疊出層次、托出高度，高雅大器。而圓潤的蓋子則能讓食用者產生期待感，也為甜點隔絕盤外溫度與氣味，鎖住清新果香。

■ Step by step
步驟

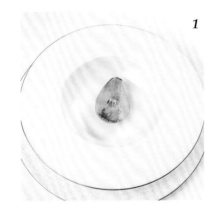

1

將煎至焦化的西洋梨放入盤中，並注意需將其底部事先切平方便擺放不易滑動。

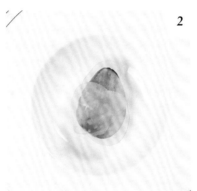

2

將三片青蘋果果凍交疊、覆蓋在焦化西洋梨上。

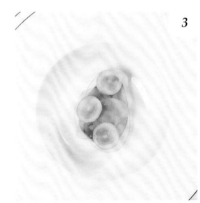

3

將三片晴王綠葡萄疊在青蘋果果凍上。

4

將三塊優格冰沙以三角構圖疊放在晴王綠葡萄片上，重複將優格冰沙和晴王綠葡萄片兩者交錯向上疊放成塔狀至約五層。

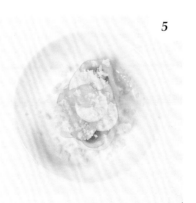

5

將青蘋果碎冰撒上，覆蓋全部食材。

6

刨些許蛋白霜於青蘋果碎冰上。

Tips：使用雙盤時，需於兩個盤子中間墊上布巾做為阻隔，避免器皿互相碰狀而受損，並可穩固底座使其不易滑動。

曖曖內含光
浪漫慵懶的秋日寫意

洋梨為主體的甜點，以香料煮過後呈現棕色，而其他食
材：焦糖醬、酥菠蘿、焦糖巧克力冰淇淋、巴芮脆片、
太妃焦糖片，也皆為褐色系，將碗底一分為二，左右各
自堆疊，同色系深淺深淺交錯擺放出層次感，左側以方
塊組成，右側則以圓形組成，並以太妃焦糖片立插做出
高度，避免被碗的高壁面遮擋，金棕色的碗壁呼應同色
系卻帶有光澤，保有浪漫慵懶的秋日氣息，又隱隱打亮
易感暗沉的深色系的甜點，低調而優雅。

德朗餐廳—李俊儀 甜點副主廚

器 皿

材 料

A 焦糖醬
B 酥菠蘿
C 香料煮洋梨
D 焦糖巧克力冰淇淋
E 巴芮脆片
F 香料凍
G 太妃焦糖片

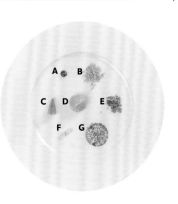

金屬漆深碗｜日本工藝家特別訂製

內層上霧面金屬漆的手工小碗，金棕色表面折射出微
微的光澤，有聚光的效果，而具有深度的小碗能夠簡
單聚焦，但要特別注意擺放的高度，避免平視時完全
被碗壁遮住。

步 驟

1

將數塊香料煮洋梨放入碗中的左半邊。

2

將酥波羅舀至碗中右半邊，預作冰淇淋
的固定。

3

四顆香料凍左右交錯放在香料煮洋梨
上。

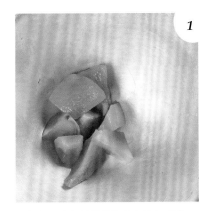

4

用擠花袋將焦糖醬與香料凍交錯點上。

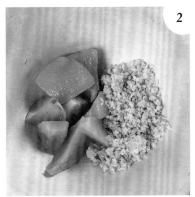

5

將些許巴芮脆片撒在香料煮洋梨上。

6

挖焦糖巧克力冰淇淋成橄欖球狀，並縱
放在酥波羅上，最後橫向斜插上太妃焦
糖片。

皇室庭院
繽紛華麗的水果女王

糖漬洋梨原是法式料理中常見的甜點，並以大湯盤呈現，主廚以此為發想，用大量的水果、皇冠糖片、花卉以及金色大盤打造多彩隆重的甜蜜庭院。由於糖漬洋梨本身色調暗沉，透過糖衣的包裹和綠色裝飾糖葉增添高貴精緻的感覺，而多達七種色彩明亮的新鮮水果堆疊於於右，用簡單線條的皇冠糖片輕覆，襯托出一顆完整洋梨的分量感。而底部的雙色圓形畫盤則是為了聚焦，不讓過多的食材分散整體畫面。

● Nakano 甜點沙龍 — 郭雨函 主廚

器 皿

花邊淺凹盤 │ 購自泰國

花邊紋飾呈現古典氣質，呼應甜點本身華麗的調性，
又金色線條表現奢華感，卻不會搶走甜點的繽紛多
彩，讓畫面顯得凌亂。大盤面則能演繹隆重的空間氛
圍。

材 料

A	桔梗	G	覆盆子果泥	L	乾燥玫瑰
B	白醋栗	H	皇冠糖片	M	鮮奶油
C	法國小菊	I	草莓	N	覆盆子
D	天使花	J	薄荷	O	黑莓
E	糖漬洋梨	K	奇異果	P	藍莓
F	芒果果泥				

步 驟

1

盤子放在轉檯上，中間擠一圈芒果果泥
後，再將覆盆子果泥任意交錯擠兩圈。

2

糖漬洋梨擺放果泥圓圈的左上角。

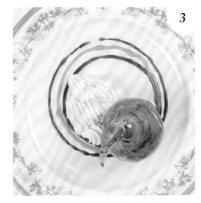

3

用星形花嘴擠花袋將鮮奶油擠約三四條
堆疊於糖漬洋梨右側的畫盤內。鮮奶油
同時具有堆高、造型和黏著的功能。

4

白醋栗、覆盆子、黑莓、藍莓、奇異果、
草莓等水果，錯落堆疊於鮮奶油上。又
奇異果和草莓的體積比其他水果大，需
事先分切成小塊。

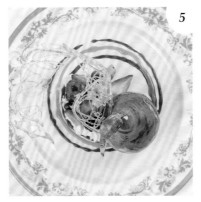

5

將皇冠糖片斜倚在糖漬洋梨右側。皇冠
糖片的正面記得朝前。

6

天使花、法國小菊、桔梗裝飾在水果上；
乾燥玫瑰、薄荷裝飾在糖漬洋梨前方的
畫盤上。

紅藍對比　高底落差
展現女王般的戲劇張力

以造型獨特的馬丁尼杯來盛裝主要食材：草莓酒蛋糕丁、卡士達香草餡、草莓、草莓片、覆盆子、鮮奶油以及插上高聳的珍珠糖片，覆盆子醬則獨立放在透明的雙層酒杯中，鮮紅色彩互相呼應，並藉由兩器皿間的強烈高底落差，展現出女王般的戲劇張力。托盤上的白巧克力玫瑰及珍珠糖典雅潔白，突顯了草莓和覆盆子醬的鮮紅色澤，盛裝在略有弧度的方白盤上，則讓整體顯得嬌柔而精緻。

香格里拉台北遠東國際大飯店 — 董錦婷 甜點主廚

器 皿

材 料

A 覆盆子	**E** 覆盆子醬	**I** 白巧克力玫瑰
B 蛋糕丁	**F** 草莓	**J** 珍珠米糖
C 卡士達香草餡	**G** 草莓酒水	**K** 開心果碎
D 鮮奶油	**H** 珍珠糖片	**L** 草莓片

藍色馬丁尼杯｜購自法國　**雙層杯璃杯**｜英國 Athena
方盤｜泰國 Royal Bone China Premium

上下半部色彩不同的馬丁尼杯，彎曲的藍色杯頸延伸
出一個嬌柔的角度引人遐思，上半部則為透明圓錐
狀，適合盛裝分量少的甜點，以此營造豐富感。雙層
杯璃杯則盛裝覆盆子醬。以方盤作為底，微微上揚的
優美曲線，集中器皿。

■ Step by step

步 驟

1

先將馬丁尼杯和雙層玻璃杯一左一右放
在方盤上。覆盆子醬倒入雙層玻璃杯中
至約 1/3 滿。

2

用擠花袋將卡士達香草餡一圈圈擠入馬
丁尼杯中。

3

泡過草莓酒的蛋糕丁舀入高腳杯中至約
2/3 滿。將切成扁平的草莓片在高腳杯
緣排滿一圈。

4

用星形花嘴擠花袋擠兩到三圈鮮奶油在
蛋糕丁上。覆盆子尖頭朝外排滿鮮奶油
外圍一圈。

5

將兩顆草莓交錯放在鮮奶油中間，再撒
上一些開心果碎。

6

將兩大片珍珠糖片一前一後斜插在兩顆
大草莓之間和後面。最後在方盤放三個
白巧克力玫瑰，並撒上一些珍珠糖。

冰熱交錯　紅綠對比
精緻小點的強烈衝擊

滾燙的抹茶熱巧克力與急凍草莓，抹茶綠與草莓紅，
無論在色彩上或者味覺上都予人強烈的衝擊，因此以
小巧的分量呈現，簡單具設計感的白色杯盤組，一口
熱、一口冰，味蕾上的冰火多重奏，高低相佐、紅綠
色彩高對比，沉浸在豐富的感官體驗中。

德朗餐廳──李俊儀 甜點副主廚

器 皿

材 料

A 抹茶熱巧克力
B 草莓

白色小杯組│**法國** REVOL

純白典雅的杯盤組合,一杯約可盛裝 60ml,為精算
出的適當分量,整杯飲盡後也無甜膩感,半邊向內凹
的造型設計感十足;而盤子盛裝杯子的部分為非對
稱,留白處恰巧可擺放大顆草莓,讓視覺表現更為平
衡。

步 驟

1

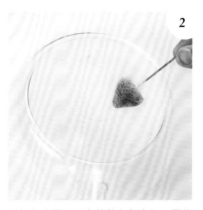

2

3

杯子置於白盤,並將抹茶熱巧克力倒入
杯中至約八分滿。

以銀色金屬叉固定草莓方便拿取,再放
入液態氮中急凍 10 秒。

將急凍草莓置於杯子旁。

Tips:使用液態氮急凍時,因其溫度達零下
負 196 度,需使用特殊器具操作,並小心安
全性避免凍傷。急凍時間約 10 秒,時間太長
會讓草莓過於堅硬無法入口。

各種層次堆疊
由外而內動態聚焦

整體造型以橢圓向上堆疊包覆，呼應盤子的圓卻拉長線條使其不會
過於呆板，且將味道最重的醬料壓在底下，越上層越清爽，交錯擺
放不同口感的食材，讓簡單的色調多了層次與變化，而兩邊面向前
方斜立則製造出動態感，彷彿正在向前進一般，讓樸實的甜點有了
新的感受。

器 皿

米色冰裂紋淺圓盤｜購自日本

盤子顏色和食材皆為大地色系，再加上自然的冰裂紋紋路，給人和諧溫暖的視覺效果。而略帶高度的弧形盤面則是考量到食材本身的特性，有粉狀物及易融化的冰淇淋，避免食用時流灑出來。

材 料

A	酒漬香蕉	**E**	焦糖
B	花生粉	**F**	巧克力甘那許
C	巧克力片	**G**	香蕉冰淇淋
D	法式酸奶		

步 驟

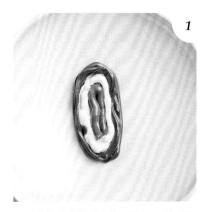

1

分別用擠花袋將巧克力甘那許、法式酸奶、焦糖，在盤子中間由外而內依序擠出線狀橢圓形作為基底，使得不管味覺或者視覺都能平均分布，且具有黏著效果。

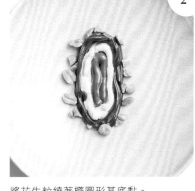

2

將花生粒繞著橢圓形基底黏。

3

以湯匙盛花生粉，一點一點用手指慢慢沿著基底撥下，覆蓋住花生粒及最外圈的巧克力甘那許。

4

酒漬香蕉片以左右對稱的方式，朝前方斜插在法式酸奶上。

5

巧克力片同上步驟左右對稱，斜插於酒漬香蕉之間，做出一個可放置冰淇淋的空間。

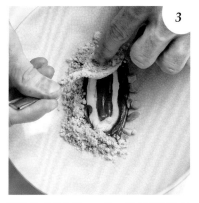

6

以湯匙挖香蕉冰淇淋成橄欖球狀，尖頭的一邊與香蕉片和巧克力片一致朝前，擺在最中間的焦糖上。

● Start Boulangerie 麵包坊 | Joshua Chef

一明一暗料理畫
印象裡光影的樣子

此道柚子巧克力的盤飾概念，來自於法國印象派畫家莫內的草圖，
透過線條表現光影變化，以明暗對比描繪輪廓，畫出自然界裡的細
膩色彩。因此藉由此技法採用兩種一明一暗對比鮮明的醬汁，葡萄
酒漿與綜合野莓果醬，在視覺主體糖漬柚肉脆餅的四周交錯出粗細
不一的點狀與線條。整體結構以四區塊分割，讓食材平均分布穩定
畫面，勾勒出一幅印象派甜點畫。

器 皿

材 料

A 糖漬柚肉脆餅

B MOSCATO 葡萄酒漿

C 巧克力

D 肉桂鮮奶油

E 綜合野莓果醬（覆盆子、黑莓、藍莓）

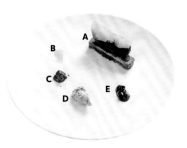

雙色圓盤 | 個人收藏

雙色圓盤，淺褐與米白，溫和呼應巧克力和脆餅的褐色，大小區塊接合隱隱帶出色階層次，豐富簡單的盤飾佈局，而淺色也能形成對比、突顯深色主體。

步 驟

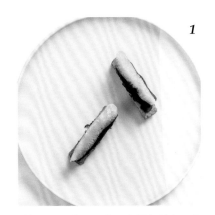

1

將盤子一分為二，上下半部各以交叉的角度放上一塊糖漬柚肉脆餅。

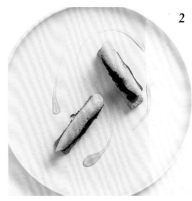

2

尖頭湯匙舀 MOSCATO 葡萄酒漿，用匙尖在糖漬柚肉脆餅周圍的四個區域刮畫出線條，中間畫出 S 形，兩側則是對稱弧線，以畫面平衡為重點。

3

圓頭湯匙舀綜合野莓果醬，同樣以畫面平衡為原則，在糖漬柚肉脆餅周圍點、刮畫出線條，並在糖漬柚肉上淋上一些，增加味道的層次。

4

湯匙挖肉桂鮮奶油成橄欖球狀，分別擺在左上和右下兩個地方。

Tips：畫盤時的線條粗細，取決於使用的湯匙造型，尖湯匙可以畫出細線條，圓湯匙則相反，可以交叉搭配，多多練習。畫線的時候一口氣畫到底，呈現流暢美。

內斂沉穩酒紅色
脆片插擺高低層次

無花果、葡萄、黑醋栗三種酒紅色的食材，呈現
冬日內斂沉穩的成熟色調，以圓交錯擺放，再淋
上香氣濃郁的波特酒醬汁，讓果物浸漬於其中，
維持豐沛飽滿的水分，在後再插上黑醋栗脆片讓
扁平的盤飾拉高視覺、做出層次，大小不一、外
緣成不規則狀，刻意做得薄透、硬脆，除了能讓
光線穿透也與其他口感濕潤的食物做出對比。

德朗餐廳 — 李俊儀 甜點副主廚

器 皿

材 料

A 黑醋栗蛋白霜
B 波特酒煮無花果
C 黑醋栗脆片
D 葡萄

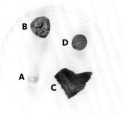

銀邊白深盤｜國外進口

簡潔高雅的白色深盤，銀色鑲邊高雅富有歐式風情，
寬闊的盤緣予人時尚俐落之感，而具有深度的凹槽適
合盛放醬汁，並能聚焦主體。

步 驟

1

將新鮮葡萄和波特酒煮無花果剖半，並
以對角線的方式交錯放入盤中。切面朝
上。

2

用擠花袋將黑醋栗蛋白霜於葡萄與波特
酒煮無花果的外緣四點交界處各擠上一
小球。

3

湯匙舀波特酒煮無花果的醬汁從側邊與
上方淋上。

4

手剝三片黑醋栗脆片，各直立插在葡萄
與波特酒煮無花果的左中右。

以圓為主的平面對稱擺放
仿造視覺印象的翻轉概念

以著名的義大利冷盤料理 Beef Carpaccio（生牛肉片）為靈感作成的
甜點，運用分子料理的概念，用不同的食材去仿造原本印象中的食
物。原來 Beef Carpaccio 的擺盤方式不盡相同，但一般來說，會將
一片片薄薄的生牛肉片攤開，每一片切到近透明的狀態，覆上蘿勒
葉與刨成薄片的起司，最後再均勻地撒上橄欖油和檸檬汁，使其表
面有光澤。而此道甜點，將西瓜切成薄片剔除籽後，以80度風乾
10小做成「偽」牛肉，再放上麵包丁、腰果、曼切哥乳酪、芝麻
菜，最後點上摩德納醋，以對稱擺放的方式仿擬，一道栩栩如生的
西瓜牛肉便完成了。

器 皿

材 料

A 芝麻葉
B 腰果
C 半熟成曼奇哥起司
D 西瓜片
E 濃縮摩德納酒醋
F 烤過的白麵包丁
G 海鹽

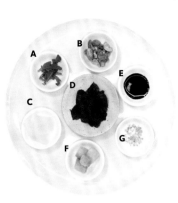

淺灰手工圓盤 | 特別訂做

特別設計的手工圓盤，具有長時間保持餐點的溫度（熱和冷）的功能，而自然的淺灰色調則能與西瓜的紅色產生對比。其扁平的表面則能方便分切、食用。

步 驟

1

將西瓜去種子以 80 度烘乾 10 小時後，切成似牛肉片的樣子，交疊擺成圓形在盤子的正中央。

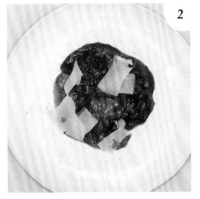

2

兩顆烤過的白麵包丁放在西瓜片的左下和右上，然後將兩個腰果放在西瓜片的左上和右下，成正方四點。再將刨成大大小小薄片的半熟成曼奇哥起司分別斜放在白麵包丁和腰果上。

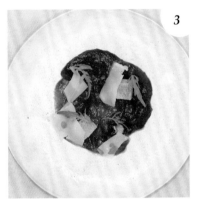

3

取較小的芝麻葉置於半熟成曼奇哥起司薄片上點綴。

4

隨意在西瓜片上撒上一些海鹽提味。在西瓜片周圍的上下左右各點上一滴濃縮摩德納酒醋。

重塑食材整齊躍動
飲一杯繽紛水果球

冰涼的夏日甜酒小品，將質地偏軟、造型各異的水果：火龍果、西瓜、芒果和哈密瓜，挖成大小一致的立體球狀，除了堆疊方便、豐富小點的多樣口味，也讓視覺上能夠相互呼應，產生清新的躍動感。並藉由盛裝雞尾酒的馬丁尼杯，以視覺表現酒漬水果的味覺，轉化成一杯水果球甜酒小點。

● 北投老爺酒店 — **陳之穎** 集團顧問兼主廚

北投老爺酒店 — **李宜蓉** 西點師傅

器皿

馬丁尼杯 │ 益泰玻璃 OCEAN GLASS

因此道甜點含有酒精成分,以此為發想選用透明馬丁尼杯盛裝,其造型以圓錐倒三角玻璃高腳杯為經典,能夠完美呈現內容物的色彩和層次,高腳的部分則為避免飲用時手的溫度直接觸碰到杯腹,壞了風味。建議事先冰杯,保持甜點冰涼的口感。

■ Ingredients

材料

A 酒漬火龍果
B 酒漬西瓜
C 酒漬奇異果
D 奶酒
E 薄荷葉
F 酒漬哈密瓜
G 餅乾脆片
H 奶酪

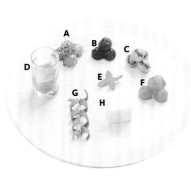

■ Step by step

步驟

1

將數塊的切成丁狀的奶酪疊放入杯中至約 1/3 的高度。

2

依序用鑷子夾取挖成球狀的酒漬哈密瓜、酒漬火龍果、酒漬奇異果、酒漬西瓜,各四顆一層一層疊放在奶酪上。

3

將兩根造型餅乾脆片交叉在水果球頂端。

4

綴飾一株薄荷葉於餅乾脆片交叉點上。

5

從旁倒入少許奶酒,盡量避免將水果球的表面染色,保持其繽紛原色。

Tips:擺放水果球時的順序以配色為準則,交錯色彩對比越大,視覺效果越強烈。

善選杯盤
簡單創造小巧精緻的法式午茶風

這道馬丁尼圓舞曲的食材擺飾並不複雜，而是巧妙運用有質感的特殊食器，成功營造法式甜點高雅的盤飾氛圍。鑲黑金花邊的白瓷盤，配上帶有別緻彎角的馬丁尼杯，使整體基調變得時尚高雅。透明的玻璃杯身，也能毫無死角地展現甜點本身的甜美風韻與繽紛層次。

台北喜來登大飯店安東廳 ── 許漢家 主廚

器皿

材料

A 當令水果球
B 草莓馬卡龍
C 脆餅
D 水果果凍
E 白巧克力慕斯
F 覆盆子醬

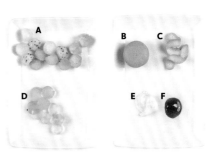

骨瓷盤｜日本 Narumi Bone China
馬丁尼杯｜一般餐具行

鑲黑金花邊的白瓷圓盤頗有穩重優雅感，鑲邊也可使視覺自然聚焦至盤中央；馬丁尼杯則特別選用帶角的特殊造型，增加趣味。將盤子襯在玻璃杯下，能避免指紋沾到玻璃器皿上方便端盤。

步驟

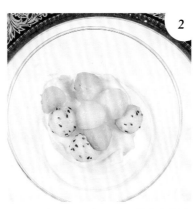

1

馬丁尼杯放在盤子中央。挖取 1/3 杯的白巧克力慕斯鋪底，並以湯匙背面將慕斯略略鋪平整理。

2

以鑷子夾取新鮮水果球，鋪滿慕斯表面。

3

以鑷子鋪上水果果凍，使慕斯表面更為繽紛。

4

以小匙於水果球、果凍上澆淋少許覆盆子醬汁，增加色澤與口感。

5

用星形花嘴擠花袋擠一球鮮奶油在水果球中間預作固定，再將草莓馬卡龍豎直擺放。

6

於草莓馬卡龍兩側小心擺上脆餅綴飾，完成擺盤。

多樣食材以固定造型與整齊交疊
創造繽紛亮眼的跳跳果園

多達十種的新鮮水果，藍莓、青蘋果、血橙、奇異果、火龍果、芒果、鳳梨、覆盆子、草莓和葡萄柚，色彩繽紛、形狀各異容易看起來紛亂、沒有重點，因此首先將水果分切、塑型成相同大小、兩種形狀：圓和長條型。以三角構圖一層一層整齊地堆疊排成圈，透過這樣的方式讓每個水果都能清楚出現，收攏得錯落有致。而將橘子巧克力、蛋白餅、柳橙餡等結合成盤中重心，並加入童年時期最愛的跳跳糖，熱熱血橙巧克力醬融化便是一道饒富趣味的繽紛小果園。

台北君悅酒店｜Julien Perrinet Chef

A　血橙巧克力醬　　N　覆盆子海綿蛋糕
B　跳跳糖　　　　　O　葡萄柚
C　覆盆子粉　　　　P　草莓
D　藍莓　　　　　　Q　橘子巧克力
E　青蘋果　　　　　R　血橙凍
F　血橙
G　奇異果
H　蛋白餅
I　火龍果
J　芒果
K　鳳梨
L　覆盆子
M　柳橙餡

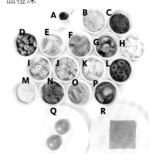

傾斜外翻深盤│台灣大同

潔白光面、盤緣寬、凹槽深的大碗盤，適合盛裝分散
的大分量食材，集中營造明亮、豐盛和熱鬧的感覺，
也能盛裝最後會倒入的血橙巧克力醬，避免溢出。而
寬大、傾斜有高度的盤緣會讓整體更立體、有氣勢，
但也可能帶走視線，因此特別在盤緣撒上一圈覆盆子
粉聚焦。

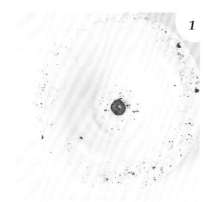

1

將覆盆子粉隨興輕撒在盤緣及盤中央，
並在盤子中間放上一片覆盆子，固定下
一步驟的橘子巧克力球。

2

橘子巧克力圓面朝下，疊在覆盆子上
方，用柳橙餡填滿巧克力凹槽。

3

將蛋白餅黏在柳橙餡中心，跳跳糖灑在
餡上，並用另一半橘子巧克力球蓋起來
成球狀。

4

第一層，三小球火龍果在盤底以三角構
圖，再依序各三個將葡萄柚片、青蘋果
片、奇異果球排滿。第二層，同樣以三
角構圖，將鳳梨片、芒果丁、血橙片、
草莓片、覆盆子片、藍莓依序排滿。

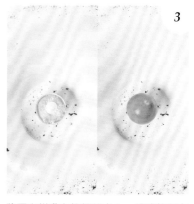

5

第三層，將捏成小塊的覆盆子海綿蛋糕
以及蛋白餅，分別以四角和三角構圖排
成一圈。一片血橙凍整成圓形，鋪在橘
子巧克力上。

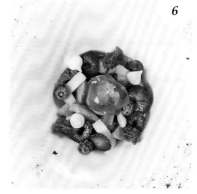

6

將食用花捏成立體、朝前放在血橙凍
上。血橙巧克力醬另外裝在小牛奶瓶
裡。

Tips：1. 切水果時，大小、形狀儘量一致，
整體會較有整齊的律動感。2. 血橙巧克力醬
只澆在橘子巧克力上，意在藉熱熱的醬讓巧
克力球融化。

輕盈透亮柑橘花圈

將三種柑橘類水果，葡萄柚、無子檸檬與柳橙分
別去皮膜再分切成相同大小，使其果肉露出晶透
保水的樣貌，輕盈明亮的色調繞成花圈，再搭配
同樣清涼的桂花綠茶冰沙，以及薄透的桂花綠茶
凍，盛裝在透明器皿中，予人清涼爽口的感受。

● 德朗餐廳 ── 李俊儀 甜點副主廚

器 皿

雙層玻璃碗 | ZEHER

圓潤的雙層玻璃碗，線條柔和、底部漂浮，造型優雅，
具有透視、輕盈、耐高低溫、冰飲不結水氣的特性，
能讓飲用者保持手部乾爽。透明質地予人清涼、清爽
的視覺感受。

材料

A 薄荷葉
B 葡萄柚
C 無子檸檬
D 桂花綠茶凍
E 柳橙
F 桂花綠茶冰沙

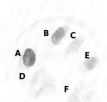

步 驟

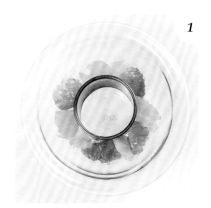

1

將中空圓形模具置於碗中，再用鑷子將
葡萄柚、無子檸檬、柳橙沿著模具交錯
繞成一圈。

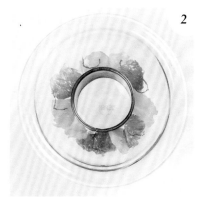

2

將薄荷葉切絲後，平均點綴數根於一圈
柑橘水果上。

3

於柑橘水果上澆淋上醃漬柑橘水果所剩
的醬汁。

4

湯匙舀桂花綠茶冰沙，填入中空圓形模
具中至約與模具等高。

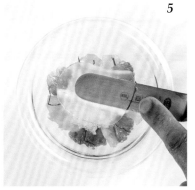

5

將中空圓形模具小心取下後，用抹刀將
兩片圓形桂花綠茶凍平鋪於桂花綠茶冰
沙上。

● S.T.A.Y. STAY & Sweet Tea｜Alexis Bouillet 駐台甜點主廚

相似元素立體疊加
清新童趣交相歡唱

柑橘疊疊樂最大的擺盤特色便是「疊」的樂趣。第一次疊是深盤周
邊的水平疊加，以蛋白霜餅與柑橘類果肉為重點；第二次是深盤中
央的立體疊加，以兩球雪酪為重心，滋味同樣清爽酸甜。兩次都以
糖片為疊放圓心，以檸檬草為原本明亮的淡色調盤面畫龍點睛。最
後注入盤中的柚子甘奈許，則使視覺更活潑有整體感。

A	檸檬草	E	檸檬皮屑	I	金桔雪酪
B	柚子甘納許	F	香柚蛋白霜餅	J	白乳酪萊姆雪酪
C	葡萄柚果瓣	G	檸檬果肉		
D	糖漬萊姆皮	H	鮮奶油		

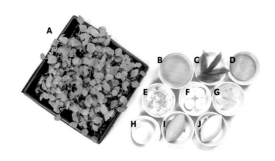

Chinaware Soup plate | 雅尼克訂做

印有雅尼克 A 字標誌的圓形深盤,具有深度凹槽、大盤面、寬盤緣,利於盛裝醬汁、湯汁等液體和有高度的食材,集中食材聚焦視線,為雅尼克餐廳專用食器。

■ Step by step

步 驟

1

夾取糖漬檸檬片,置於盤內正中央。

2

以擠花袋於檸檬片的三角擠出三小球奶油,並夾取三顆蛋白霜餅置於奶油球上,再於蛋白霜餅上分別點綴檸檬草。

3

夾取葡萄柚果瓣沿檸檬片周邊擺放,並於檸檬片上方擺上檸檬果肉。

4

開始縱向疊放食材。先於檸檬果肉上方疊放白乳酪萊姆雪酪、金桔雪酪,再疊上蛋白霜餅,最後插入數葉檸檬草點綴。盡量以同一中心點向上疊加,使視覺既能立體延伸,也能集中不散亂。

5

刨取少許檸檬皮屑,使其自然散落於食材。

6

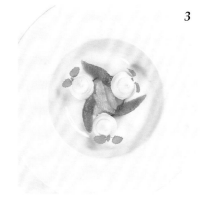

慢慢注入柚子甘納許,使其填滿深盤並稍稍淹過果肉。

Tips:1 疊放相同食材(如雪酪)時,可略略調整角度,使兩球雪酪皆能清楚呈現。2 注意食材由硬至軟、先平面後立體、中央高於周邊的鋪墊。3 雪酪極易融化,也需注意盤飾速度。

酸甜小巧
一口口的新奇饗宴

將各式水果切成小丁，不僅看來小巧繽紛，入口時也能一次享用多種水果交織的綜合味覺。擺盤時須注意不須堆得太高太尖，而是如小圓丘般最為合宜。此外，將色彩較濃重的火龍果、藍莓置於柳橙、哈密瓜丁之上，則可跳出原本的黃色調盤面，裝飾成效更為豔麗。建議食用前再淋上葡萄柚紅酒汁，使視覺、味覺處於最清新的巔峰狀態，以免久置變色變味。

Angelo Aglianó Restaurant | Angelo Aglianó Chef

器 皿

白瓷方形深盤｜購自陶雅

此款深盤中央設計較小較圓，很適合放置份量小巧、湯汁豐厚的餐點，而方形盤緣寬大有著凹凸不平的紋路，大小對比、寓圓於方，形成強烈聚焦的效果。

材 料

A 草莓雪貝

B 水果沙拉丁（葡萄柚、鳳梨、哈密瓜）

C 葡萄柚紅酒汁

D 火龍果

E 薄荷葉

F 柳橙

G 藍莓

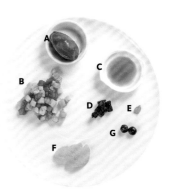

步 驟

1

取水果沙拉丁置於深盤中央，並以湯匙塑形、堆疊成圓丘狀。

2

夾取兩瓣柳橙，分別以對角線置於水果沙拉丁兩側。

3

夾取兩顆藍莓，分別以對角線置於水果沙拉丁兩側，與柳橙瓣交錯。

4

於水果沙拉表面疊上一小匙火龍果。

5

由上方注入葡萄柚紅酒汁，高度直至水果沙拉表面。

6

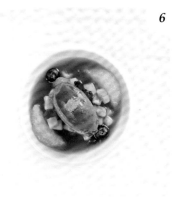

於火龍果表面小心擺上挖成橄欖球狀的草莓雪貝，再於正中央點綴薄荷葉。

Nakano 甜點沙龍 ｜ 郭雨函 主廚

金色大盤極盡奢華
唯美絢麗的無名花園

以繽紛水果盤為靈感，無名之名透露自由、自然與無限生命力，絢爛多彩、如夢似幻，讓人不自覺闖入。此道盤飾透過大小對比、前高後低、向上堆疊的結構將大盤面一分為二並大量留白。最底層以盤面的色彩線條聚焦，第二層則使用可食用的器皿——花籃糖片盛裝、聚集水果，用以突顯主體、延伸視覺高度。

器皿

透明刷金水果盤 | 購自一般餐具行

水果盤寬闊大盤面原來是為了盛裝各種水果，展示開來方便取食，淺淺的弧度則能防止各形色的水果滾動，以此延伸為水果甜點盤，圓形大盤面能有大片留白營造出大器的空間感，再搭配上不規則向內集中的奢華刷金，有效聚焦數十種食材。

材料

A	黑醋栗香堤	N	覆盆子
B	草莓香堤	O	草莓
C	玫瑰花瓣	P	白醋栗
D	鮮奶油		
E	抹茶餅乾碎		
F	藍莓餅乾碎		
G	可麗露		
H	薄荷		
I	草莓餅乾碎		
J	花籃糖片		
K	馬卡龍		
L	黑莓		
M	藍莓		

步驟

1

以湯匙挖黑醋栗香堤、草莓香堤成橄欖球狀，在盤中左上角以向下放射的半圓擺放，草莓香堤兩球、黑醋栗香堤兩球。

2

將鮮奶油先以星形花嘴擠花袋，在香堤圍繞的半圓擠一球，作為中心定位；再將鮮奶油用聖歐諾諾形花嘴擠花袋，以鮮奶油球為中心，向左下、右上各拉出一條波浪。

3

花籃糖片放在鮮奶油球上，籃內再擠一小球鮮奶油固定位置，也便於黏著其他水果。草莓對半切，剖面朝上，塞在花籃糖片下加強固定。

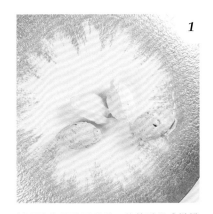

4

白醋栗、藍莓、黑莓、覆盆子、草莓，交錯堆滿花籃糖片，以及外圍零星如掉落狀。

5

可麗露與各色馬卡龍散落在香堤外圈。

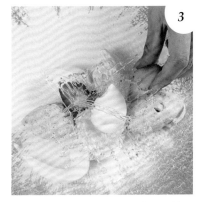

6

以花籃糖片為中心，向左延伸撒上草莓餅乾碎、向右延伸撒上抹茶餅乾碎，兩邊再撒上藍莓餅乾碎做結尾。最後在餅乾屑形成的一直線裝飾上薄荷與玫瑰花瓣。

070 焦糖布丁佐水蜜桃玫瑰雪貝／090 香橙義式奶酪及莓果雪貝／128 焦糖鳳梨花生酥餅佐椰香雪貝／136 傳統西西里島脆餅捲佐巧克力冰淇淋／166 杏仁冰沙與橙花杏仁蛋糕／228 季節水果沙拉與草莓雪貝

台北市大安區忠孝東路四段 170 巷 6 弄 22 號
02-2751-0790

Angelo Aglianó Restaurant｜Angelo Aglianó Chef

040 糖球搭配檸檬奶油及杏桃／138 藍莓起司薄餅／180 法修蘭甜冰

台北市信義區松仁路 28 號 5 樓
02-8729-2628

L'ATELIER de Joël Robuchon à Taipei｜高橋和久 甜點主廚

032 水果軟糖／048 台灣六味／182 櫻桃巧克力／184 荔香玫瑰

台北市大安區仁愛路四段 300 巷 20 弄 11 號
02-2700-3501

Le Ruban Pâtisserie 法朋烘焙甜點坊｜李依錫 主廚

066 金莎／080 茶香布蕾／082 薄荷茶布蕾佐焦糖流漿球／216 牛肉「薄片」

上海浦東新區陸家嘴濱江大道 2972 號
021-5878-6326

MARINA By DN 望海西餐廳
DN Group（DANIEL NEGREIRA BERCERO、Sergio Dario Moreno Lopez、史正中、宋羿霆、李柏元、汪興治、陳耀泓、劉隆昇）

060 巧克力／144 無花果／158 椰子／162 愛玉
／164 荔枝／174 啤酒／178 釋迦／194 水蜜桃
／210 香蕉

台北市大安區四維路 28 號
02-2700-0901

MUME | Kai Ward Head Chef、**Chen** Chef

088 壽司／100 生蠔瑪德蓮／110 天鵝泡芙／142 飛
行刀叉／204 水果皇冠／230 無名花園

桃園市桃園區新埔六街 40 號
0975-162-570

Nakano 甜點沙龍 | 郭雨函 主廚

062 巧克立方佐可可亞奶油酥餅與香草冰淇淋
226 柑橘疊疊樂佐金桔及粉紅香柚蛋白霜餅

台北市市府路 45 號 101 購物中心 4 樓
02-8101-8177

S.T.A.Y. STAY & Sweet Tea | Alexis Bouillet 駐台甜點主廚

044 薰衣草甜桃糖球／108 芒果──黑糖鳳梨泡芙
130 解構──酪梨牛奶／212 柚子巧克力

台南市永康區華興街 96 號
06-311-1908

Start Boulangerie 麵包坊 | Joshua Chef

064 輕巧克力／168 小梗農場／172 森林裡有梗

台中市西區明義街 52 號
04-2319-8852

Terrier Sweets 小梗甜點咖啡｜Lewis Chef

104 樹枝

台北市大安區安和路二段 184 巷 10 號
02-2737-1707

WUnique Pâtisserie 無二烘焙坊｜吳宗剛 主廚

068 秋天／106 黃金泡芙／126 奧利歐／146 英式早
餐／148 春天／170 水果籃

台北市中山區明水路 561 號
02-2533-3567

Yellow Lemon｜Andrea Bonaffini Chef

058 巧克力金球

台北市大同區承德路一段 3 號
02-2181-9999

台北君品酒店｜王哲廷 點心房主廚

222 戀豔紅橙

台北市信義區松壽路 2 號
02-2720-1234

台北君悅酒店｜Julien Perrinet Chef

092 繽紛奶酪／196 法國白桃佐香草冰淇淋與綜合野
莓醬汁／220 馬丁尼圓舞曲

台北市中正區忠孝東路一段 12 號 2 樓
02-2321-1818

台北喜來登大飯店安東廳｜許漢家 主廚

096 無花果優格配野生蜂蜜／140 法式香橙薄餅配冰
淇淋／150 手工麻糬配日式抹茶甜醬 糖漬甜豆／152
野餐趣／154 莓果奶酪、覆盆子慕斯、古典巧克力
／176 野莓果醬汁配冰淇淋／218 夏日果香微醺甜酒
小品

台北市北投區中和街 2 號
02-2896-9777

北投老爺酒店｜陳之穎 集團顧問兼主廚、**李宜蓉** 西點師傅

052 焦糖貝禮詩榛果黃金／054 桂花薑味南投龍眼蜜
蜂巢／084 童年回憶米布丁及米酒冰淇淋

台北市中山區民權東路二段 41 號 2 樓
02-2597-1234

亞都麗緻巴黎廳 1930｜Clément Pellerin Chef

098 玫瑰綠茶凍／112 覆盆子馬斯卡朋泡芙／116 繽紛艾克力／206 繽紛莓果杯

台北市大安區敦化南路二段 201 號
02-2378-8888

香格里拉台北遠東國際大飯店｜董錦婷 甜點主廚

074 潘朵拉聖誕布丁襯香草咖啡醬汁／076 栗子青蘋果布蕾佐櫻桃醬／094 覆盆子奶酪 焦糖蘋果慕斯塔

台北市信義區松高路 18 號
02-6631-8000

寒舍艾麗酒店｜林照富 點心房副主廚

038 巧克力糖果餃／056 行星＆衛星／072 濃郁巧克力布丁 風乾鳳梨片／132 改變教父最愛／190 優格凍糕 榛果輕雲／198 紅酒肉桂燉梨子＆肉桂冰淇淋

台北市中山區敬業四路 168 號
02-8502-0000

維多麗亞酒店｜ Marco Lotito Chef

042 紅玫瑰愛的蘋果／102 鳳梨費南雪／114 玫瑰草莓聖諾黑／118 台灣黑糖荷蘭餅／120 義大利杏仁餅巧克力餡／134 西西里康諾利開心果醬

台中市西區五權西四街 114 號
04-2372-6526

鹽之華法式料理廚房｜黎俞君 廚藝總監

034 櫻桃酒糖／036 愛情蘋果／046 覆盆子荔枝巧克力 & Mojito 橡皮糖／050 花生巧克力／078 沙梨焦化麥瓜／086 栗秋／122 法式鳳梨酥／124 茴香巧克力塔／160 西瓜冰沙佐芫荽起司冰沙／186 冰涼香草可麗露／188 蜜桃梅爾巴／200 青葡檸檬洋梨／202 香料洋梨佐焦糖巧克力冰淇淋／208 抹茶熱巧克力佐急凍草莓／214 波特酒煮無花果、葡萄、黑醋栗／224 柑橘沙拉佐桂花綠茶冰沙

台北市內湖區金莊路 98 號
02-7729-5000

德朗餐廳 | **陳宣達** 行政主廚 、**李俊儀** 甜點副主廚

甜點盤飾——小點、冰品、水果

作者	La Vie 編輯部
責任編輯	邱子秦
採訪撰文	王麗雯、楊喻婷、蔡蜜綺、鄒宛臻、盧心權
攝影	星辰映像
設計	劉子璇

發行人	何飛鵬
事業群總經理	李淑霞
副社長	林佳育
主編	張素雯

出版　城邦文化事業股份有限公司　麥浩斯出版
E-mail｜cs@myhomelife.com.tw
地址｜104 台北市中山區民生東路二段 141 號 6 樓
電話｜02-2500-7578

發行　英屬蓋曼群島商家庭傳媒股份有限公司城邦分公司
地址｜104 台北市中山區民生東路二段 141 號 6 樓
讀者服務專線｜0800-020-299（09:30 ～ 12:00; 13:30 ～ 17:00）
讀者服務傳真｜02-2517-0999
讀者服務信箱｜Email: csc@cite.com.tw
劃撥帳號｜1983-3516
劃撥戶名｜英屬蓋曼群島商家庭傳媒股份有限公司城邦分公司

香港發行　城邦（香港）出版集團有限公司
地址｜香港灣仔駱克道 193 號東超商業中心 1 樓
電話｜852-2508-6231
傳真｜852-2578-9337

馬新發行　城邦（馬新）出版集團 Cite（M）Sdn. Bhd.
地址｜41, Jalan Radin Anum, Bandar Baru Sri Petaling, 57000 Kuala Lumpur, Malaysia.
電話｜603-90578822
傳真｜603-90576622

總經銷　聯合發行股份有限公司
電　話｜02-29178022
傳　真｜02-29156275

製版印刷　凱林彩印股份有限公司
定價　新台幣 399 元／港幣 133 元

2016 年 09 月初版一刷 · Printed In Taiwan
ISBN：978-986-408-189-9

國家圖書館出版品預行編目資料

甜點盤飾——小點、冰品、水果／La Vie 編輯部
作 . —初版 . —臺北市：麥浩斯出版：家庭傳媒
城邦分公司發行 , 2016.09　256 面；19×26 公分
ISBN 978-986-408-189-9(平裝)

1. 點心食譜　　　　427.16　　　105004618